Josef Lukas Jansen

# Die fremderregte Synchronmaschine

## Grundlagen und Modellbildung mit Matlab Simulink

disserta Verlag

**Jansen, Josef Lukas: Die fremderregte Synchronmaschine. Grundlagen und Modellbildung mit Matlab Simulink, Hamburg, disserta Verlag, 2016**

Buch-ISBN: 978-3-95935-298-7
PDF-eBook-ISBN: 978-3-95935-299-4
Druck/Herstellung: disserta Verlag, Hamburg, 2016
Covergestaltung: © Annelie Lamers

**Bibliografische Information der Deutschen Nationalbibliothek:**
Die Deutsche Nationalbibliothek verzeichnet diese Publikation in der Deutschen Nationalbibliografie; detaillierte bibliografische Daten sind im Internet über http://dnb.d-nb.de abrufbar.

# Inhaltsverzeichnis


1. Einleitung. . . . . . . . . . . . . . . . . . . . . . . . . . . . . . . . . . . . . . . . . . . . . . . . . . . . 3

2. Die Synchronmaschine. . . . . . . . . . . . . . . . . . . . . . . . . . . . . . . . . . . . . . . . 5
   2.1 Aufbau und Einsatz von Synchronmaschinen. . . . . . . . . . . . . . . . . . . 5
   2.2 Theoretische Grundlagen . . . . . . . . . . . . . . . . . . . . . . . . . . . . . . . . . . 7
   2.3. Die Vollpolmaschine. . . . . . . . . . . . . . . . . . . . . . . . . . . . . . . . . . . . 9
   2.4 Die Schenkelpolmaschine. . . . . . . . . . . . . . . . . . . . . . . . . . . . . . . . 16

3. Herleitung des Models der Synchronmaschine. . . . . . . . . . . . . . . . . . . . 24
   3.1 Modellanforderungen und Modellgrenzen. . . . . . . . . . . . . . . . . . . . . 24
   3.2 Die Felder der Synchronmaschine. . . . . . . . . . . . . . . . . . . . . . . . . . 27
   3.3 Die Abc-dq Darstellung. . . . . . . . . . . . . . . . . . . . . . . . . . . . . . . . . . 28
   3.4 Das mathematische Modell der Synchronmaschine . . . . . . . . . . . . . . 35
   3.5 Die Modellgleichungen. . . . . . . . . . . . . . . . . . . . . . . . . . . . . . . . . . 42
   3.6 Die Anpassung des Modells. . . . . . . . . . . . . . . . . . . . . . . . . . . . . . . 55
      3.6.1 Bestimmung der Maschinenparameter . . . . . . . . . . . . . . . . . . 55
      3.6.2 Normierung des Modells . . . . . . . . . . . . . . . . . . . . . . . . . . . 58
      3.6.3 Die Abstimmung des Modells auf verschiedene Simulationsfälle. . . . 59
   3.7 Die Simulationsergebnisse . . . . . . . . . . . . . . . . . . . . . . . . . . . . . . . 64

4. Die Windkraftanlage. . . . . . . . . . . . . . . . . . . . . . . . . . . . . . . . . . . . . . . . 77
   4.1 Die Energieflüsse der Windkraftanlage und deren Entstehung. . . . . . . 78
   4.2 Die Aerodynamik des Rotors. . . . . . . . . . . . . . . . . . . . . . . . . . . . . . 81
   4.3 Der mechanisch-elektrische Energiewandler . . . . . . . . . . . . . . . . . . . 86
   4.4 Topologien und Ansteuerungen der Leistungselektronik. . . . . . . . . . . 89
      4.4.1 Lastgeführte Konzepte und deren Ansteuerung . . . . . . . . . . . . 89
      4.4.2 Selbstgeführte Konzepte und deren Ansteuerung. . . . . . . . . . . 92
   4.5 Die Betriebsführung von Windkraftanlagen. . . . . . . . . . . . . . . . . . . 100
   4.6 Das Modell der Windkraftanlage. . . . . . . . . . . . . . . . . . . . . . . . . . 104
   4.7 Die Simulationsergebnisse. . . . . . . . . . . . . . . . . . . . . . . . . . . . . . . 111

5. Fazit . . . . . . . . . . . . . . . . . . . . . . . . . . . . . . . . . . . . . . . . . . . . . . . . . . 125

Formelverzeichnis . . . . . . . . . . . . . . . . . . . . . . . . . . . . . . . . . . . . . . . . . . 127

Abkürzungsverzeichnis . . . . . . . . . . . . . . . . . . . . . . . . . . . . . . . . . . . . . . 132

Literaturverzeichnis. . . . . . . . . . . . . . . . . . . . . . . . . . . . . . . . . . . . . . . . . 133

Abbildungsverzeichnis. . . . . . . . . . . . . . . . . . . . . . . . . . . . . . . . . . . . . . . 137

# 1. Einleitung

In den letzen Jahrzehnten ist die Nennleistung neu installierter Windenergiekonverter kontinuierlich gestiegen, dabei dominierte die Bestrebung das Betriebsverhalten und den Wirkungsgrad des Energieumwandlungsstrangs zu verbessern. Bei Windenergieanlagen der Multimegawattklasse werden die Anforderungen an die eingesetzte Technik immer anspruchsvoller, dabei gerät die Identifikation eines geeigneten Generatorsystems in den Fokus der Betrachtung.

Ein erprobtes System, aus der konventionellen Kraftwerkstechnik, ist die fremderregte Synchronmaschine, die sich durch ihr Betriebsverhalten und ihre große Leistungsdichte auszeichnet. Die Wechselwirkungen der unterschiedlichen Teilsysteme sind von besonderer Bedeutung für das dynamische Betriebsverhalten des Energieumwandlungssystems, wobei der Einfluss des Zwischenkreisumrichters exponiert ist. Die eingesetzte Schaltungstopologie und die verwendeten Ansteuerverfahren wirken entscheidend auf das Betriebsverhalten der Synchronmaschine und somit auf den gesamten Energieumwandlungsstrang ein. Zu diesem Zweck wird innerhalb dieser Studie ein Modell der fremderregten Synchronmaschine erarbeitet und das Maschinenverhalten untersucht.

Das Buch beginnt mit der Erläuterung der Synchronmaschine und ihrem stationären Verhalten, dabei werden die Unterschiede zwischen den beiden grundlegenden fremderregten Maschinentypen herausgearbeitet.

Als Nächstes folgt die Herleitung der Grundgleichungen und der Notwendigkeit, diese in dq0 Koordinaten aufzustellen.

Um einen passenden Ansatz zur Simulation des mathematischen Modells in Matlab zu finden, wurden im Rahmen der Literaturrecherche verschiedene Modellansätze gegenübergestellt.

Als Ergebnis wird in der vorliegenden Studie der Ansatz hergeleitet, der die Anforderungen bezüglich Anpassungsfähigkeit, Modulationstiefe, Detailgenauigkeit und Parametrierbarkeit am besten erfüllt.

Das Modell wird daraufhin so aufgestellt, dass die Spannungen die Eingangsgrößen und die Ströme die Ausgangsgrößen sind. Die Berechnungen finden in dq0-rotorfesten Koordinaten statt. Das Maschinenmodell wird im Folgenden mit Simulationsuntersuchungen validiert und so angepasst, dass es zusammen mit dem Windkonvertermodell verwendet werden kann.

Dazu wird in diesem Buch ein Modell einer Windkraftanlage eingeführt. Die Grundlagen aller an der Energiekonvertierung beteiligten Komponenten und deren Regelungen werden erläutert und die Implementierung in Matlab erklärt. Abschließend werden Sprungantworten der Windkraftanlage untersucht und die sich ergebenden Drehmomente mit einer schnellen Fourier Transformation (FFT) auf Oberwellenfreiheit überprüft, sich ergebende Drehmomentoberwellen werden ihrer Ursache zugeordnet.

Abschließend werden die Ergebnisse diskutiert und mögliche Folgen dargelegt, schließlich werden mögliche Weiterentwicklungsschritte aufgezeigt.

# 2. Die Synchronmaschine

## 2.1 Aufbau und Einsatz von Synchronmaschinen

Der Großteil weltweit erzeugter elektrischer Energie wird von konstant rotierenden Synchrongeneratoren in Großkraftwerken bereitgestellt. Die Synchrongeneratoren der einzelnen Erzeugungseinheiten sind elektrisch über das Energieverteilnetz gekoppelt. Das Verteilnetz hat die Aufgabe Energie zu distribuieren, Energiefluktuationen auszugleichen und eine möglichst große Versorgungssicherheit zu gewährleisten. Die Versorgungssicherheit ist ein Bedürfnis der Konsumenten, das Qualitätsansprüche an das Übertragungsnetz impliziert. Die Netzqualität setzt sich aus den Ansprüchen an die Spannungsamplitude, die Frequenzstabilität, die Spannungssymmetrie, die Spannungsstabilität, das Wirkleistungsangebot, das Blindleistungsangebot und die Freiheit von Oberschwingungen und Zwischenharmonischen zusammen [Schwab1]. Diese Anforderungen werden optimal von Synchronmaschinen erfüllt, die imstande sind dreiphasige sinusförmige Wechselspannungen im Leistungsbereich von wenigen Kilowatt (kVA) bis mehr als tausend Megawatt (MVA) zu erzeugen. Die Bezeichnung „Synchronmaschine" rührt aus der Tatsache, dass das Polrad synchron mit der Drehzahl umläuft.

Die fremderregte Synchronmaschine besitzt ein mit Gleichstrom erregtes Polrad. Mit der Polradspannung kann auf den Polradwinkel Einfluss genommen werden, der direkt mit der erzeugten oder verbrauchten Blindleistung korrespondiert. Die Synchronmaschinendrehzahl ist stationär fest an die Netzfrequenz gebunden, die synchrone Leerlaufdrehzahl ergibt sich aus Formel 5.

$$n_0 = \frac{f * 60}{p} \quad \textbf{(1)}$$

Synchronmaschinen sind dadurch in der Lage Frequenzschwankungen im Netz durch Speichern oder Abgeben von Rotationsenergie auszugleichen.

Fremderregte Synchronmaschinen können in zwei typische Bauformen unterteilt werden: die Vollpolmaschine und die Schenkelpolmaschine. Permanenterregte Maschinen werden in diesem Buch nicht behandelt. In diesem Kapitel werden zunächst die theoretischen Grundlagen hergeleitet, dann wird das statische Verhalten der Vollpol- und der Schenkelpolmaschine am Netz erläutert, diese Vorgehensweise soll das Verständnis der späteren Simulationsergebnisse erleichtern.

## 2.2 Theoretische Grundlagen

Um die Vorgänge in elektrischen Maschinen zu verstehen, müssen die theoretischen Grundlagen der Feldtheorie bekannt sein, welche im Folgenden dargestellt werden. Nach James Clerk Maxwell erzeugt jedes Magnetfeld einen Oberflächenstrom in ferromagnetischen Materialen und jeder Stromfluss ruft ein Magnetfeld hervor [Schröder, D.1], vergleiche Formel 2.

$$\oint_{\partial A_1} \underline{H} \cdot d\underline{s} = \iint_{A_2} \underline{j} \cdot d\underline{a} = \underline{I} \quad (2) \qquad \text{mit} \quad \underline{D} = 0$$

Folgerichtig ist die magnetische Feldstärke das Resultat der Stromverteilung und hängt von der Geometrie und Anordnung des Leiters ab.

Aus der magnetischen Feldstärke und der Permeabilität lässt sich die magnetische Flussdichte, wie in Formel 3 gezeigt, bestimmen.

$$\underline{B} = \mu \cdot \underline{H} \quad (3)$$

Daraus wird nach Formel 4 der magnetische Fluss errechnet.

$$\phi = \iint \underline{B} \cdot d\underline{a} \quad (4)$$

Aus dem Fluss lässt sich mit Hilfe der Anzahl der Wicklungen die Flussverkettung nach Formel 5 bestimmen.

$$\psi = n \cdot \phi \quad (5)$$

Mit dem Fluss oder der Flussverkettung lässt sich nach dem Induktionsgesetz (Formel 6) die induzierte Spannung ermitteln [Kopfmüller]. Die Induktionswirkung entsteht, weil ein sich zeitlich ändernder magnetischer Fluss stets von einem elektrischen Wirbelfeld mit geschlossenen Feldlinien umgeben ist, vergleichbar mit einem Stromfluss, der von einem magnetischen Wirbelfeld umgeben ist [Schwab2]. Das negative Vorzeichen in den Gleichungen 6 und 7 ergibt sich aus der Lenzschen Regel.

Die induzierte Feldstärke ist immer so gerichtet, dass eine von ihr bewirkte Stromänderung der verursachenden Magnetfeldänderung entgegenwirkt und umgekehrt.

$$u_i = \oint \underline{E}_i \cdot d\underline{s} = -n \cdot \frac{d\phi}{dt} \quad (6) \qquad \text{oder} \qquad u_i = -\frac{d\psi}{dt} \quad (7)$$

Die für elektrische Maschinen so wichtige Induktivität kann aus der Flussverkettung und dem Strom nach Gleichung 8 berechnet werden, wenn die Induktivität eine Funktion der magnetischen Feldstärke ist. Wenn die magnetische Feldstärke allerdings als konstant angenommen wird, vereinfacht sich die Gleichung zu Formel 9, Hystereseeffekte werden dabei vernachlässigt.

$$L_{dyn} = \frac{d\psi}{dI} \quad (8) \qquad\qquad\qquad L = \frac{\psi}{I} \quad (9)$$

Aus der Flussdichte, der Anzahl der Ladungsträger und der Relativgeschwindigkeit lässt sich nach Formel 10 die Lorentzkraft bestimmen.

$$\underline{F}_{el} = n_a \cdot Q \cdot \underline{v} \times \underline{B} \quad (10)$$

Solange der Geschwindigkeitsvektor und der Feldvektor nicht parallel sind, kann sich eine Kraft ungleich null ergeben. Das Kreuzprodukt paralleler Vektor ist null.

## 2.3. Die Vollpolmaschine

Die Vollpolsynchronmaschine, die auch Turborgenerator genannt wird, wird häufig in konventionellen Kraftwerken eingesetzt und von einer Turbine angetrieben. Der Name Vollpolläufer ergibt sich aus der Läuferform, siehe Abbildung 1.

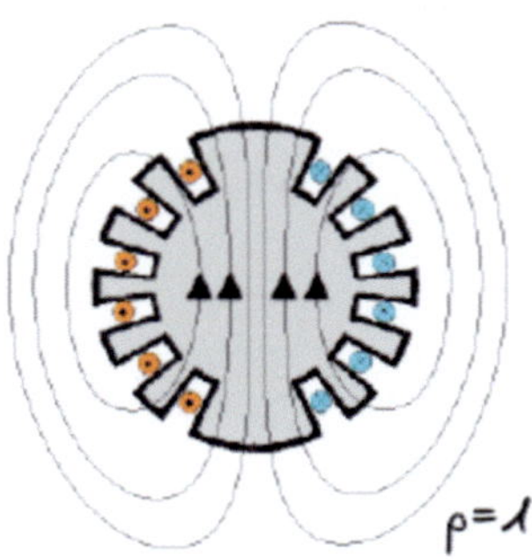


**Abbildung 1**: Vollpolmaschine
[Schröder, R. 1 Kapitel 7.2]

Die Läuferform ist der Tatsache geschuldet, dass sich zweipolige Synchronmaschinen am 50Hz Netz mit 3000min$^{-1}$ drehen und dass Dampfturbinen bei großen Drehzahlen den besten Wirkungsgrad aufweisen [Rangwala].

Um diesen vergleichsweise hohen Drehzahlen der Arbeitsmaschinen dauerhaft zu widerstehen, müssen die Läufer der Maschinen entsprechend mechanisch robust gefertigt sein.

Die runde Läuferform ist besonders geeignet um einen sinusförmigen Feldverlauf zu ermöglichen, siehe Abbildung 2. Mit konstruktiven Kunstgriffen, wie Sehnung, lässt sich dies noch erheblich verbessern.

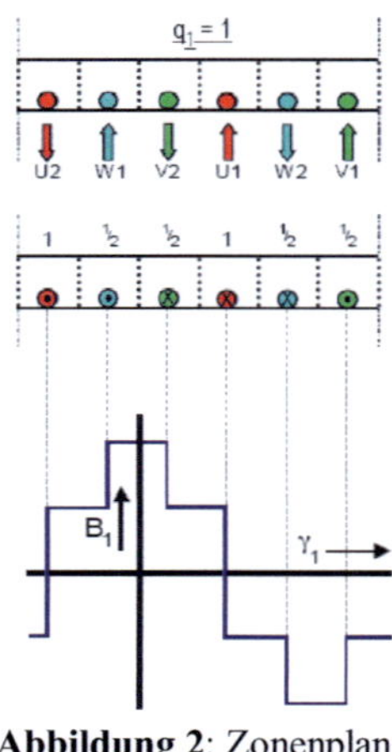

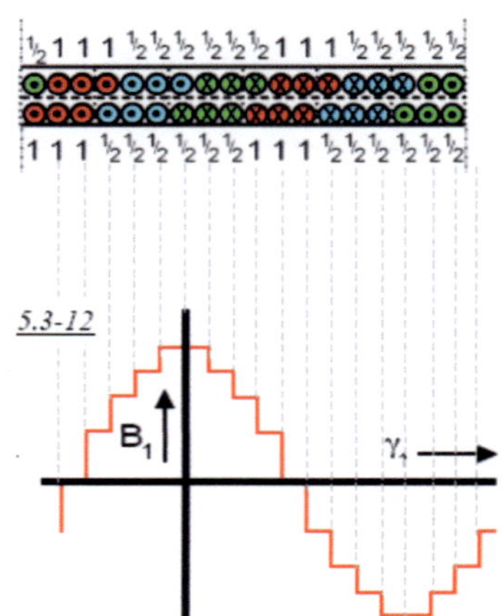


**Abbildung 2**: Zonenplan Drehstromwicklung [Schröder, R. 1 Kapitel 5.3.2]

**Abbildung 3**: optimierter Zonenplan [Schröder, R. 1 Kapitel 5.3.2]

Die Abbildung 3 zeigt in der oberen Hälfte den Zonenplan einer zweischichtigen, gesehnten, und gruppierten Drehstromwicklung. Die untere Abbildungshälfte zeigt die mit dem Sprungstellenverfahren ermittelte Feldkurve, aus der sich ein recht sinusförmiges Feld ergeben wird. Die Sehnung und andere konstruktive Maßnahmen verringern die von den Oberwellen induzierten Spannungen und können Oberwellen für bestimmte Ordnungszahlen auch ganz auslöschen [Schröder, R. 1].

Die resultierende Klemmenspannung ist somit sinusförmiger, weil die Oberwellen durch die niedrigen Oberwellen-Wicklungsfaktoren unterdrückt werden [Bödefeld].

Die Abbildung 4 zeigt das Ersatzschaltbild der Synchronmaschine mit Rotor- und Statorkreis. In der linken Hälfte der Abbildung ist der Rotorkreis mit der Erregerspannungsquelle und dem Feldwiderstand dargestellt und rechts ist der Statorkreis abgebildet. Der Statorkreis wird durch die Elemente Hauptinduktivität, Streuinduktivität und Statorwiderstand sowie die Polradspannungsquelle nachgebildet.

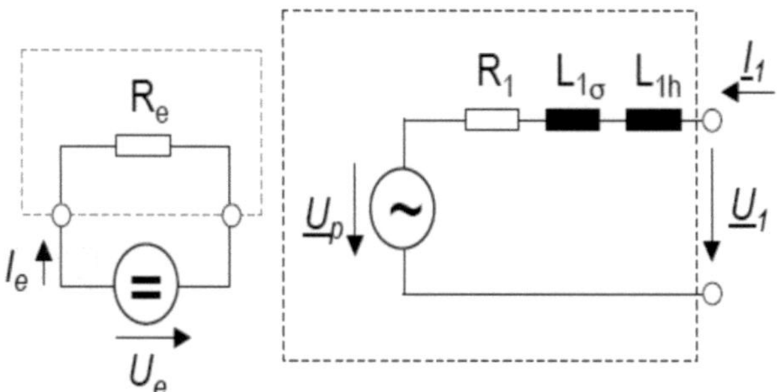


**Abbildung 4**: Rotor- und Statorkreis der Synm. [Schröder, R. 1 Kapitel 7.7.2]

Entscheidend für das Verhalten der Synchronmaschine ist die Polradspannung, die an den Statorklemmen als Leerlaufspannung gemessen werden kann. Die Polradspannung hängt in Amplitude und Frequenz von der Rotordrehzahl und dem Erregerstrom, beziehungsweise dem magnetischen Fluss, ab und berechnet sich nach Formel 11 [Schröder, R. 1].

$$u_p(t) = -\sqrt{2} \cdot U_p \cdot \sin(p \cdot \omega_M t + p \cdot \beta_M) \quad \text{(11)}$$

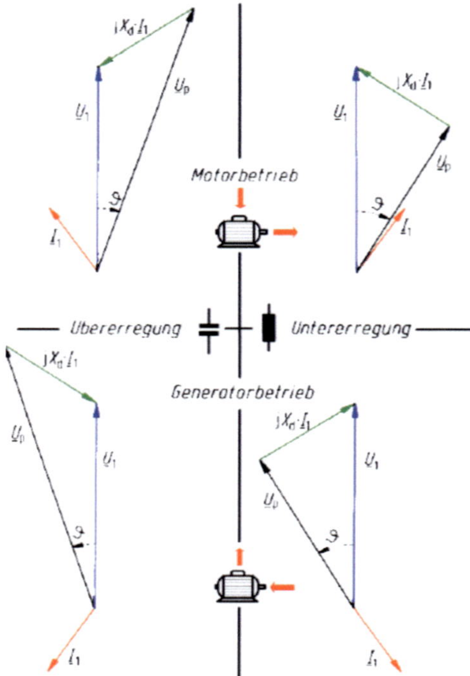


**Abbildung 5**: Zeigerdiagramme der Synchronmaschine [Schröder, R. 1 Kapitel 7.8.5]

Die Polradspannung ist sättigungsabhängig, meist wird jedoch ein lineares Verhältnis zwischen dem Erregerstrom und der Polradspannung angenommen.

Anhand von Abbildung 5 kann der Einfluss der Polradspannung nachvollzogen werden. Je nach Erregung ergibt sich ein kapazitives oder induktives Verhalten der Maschine, dies wird verwendet um im Netz die benötigte Blindleistung zu erzeugen oder zu dissipieren. „Übererregt" bedeutet, dass die Polradspannung größer als die Spannung $U_1$ ist und die Maschine induktive Blindleistung aufnimmt. An dieser Stelle sei auf den Vorzeichenwechsel des Polradwinkels  zwischen Motor- und Generatorbetrieb hingewiesen, wenn das Polrad voreilt wird die Maschine generatorisch betrieben.

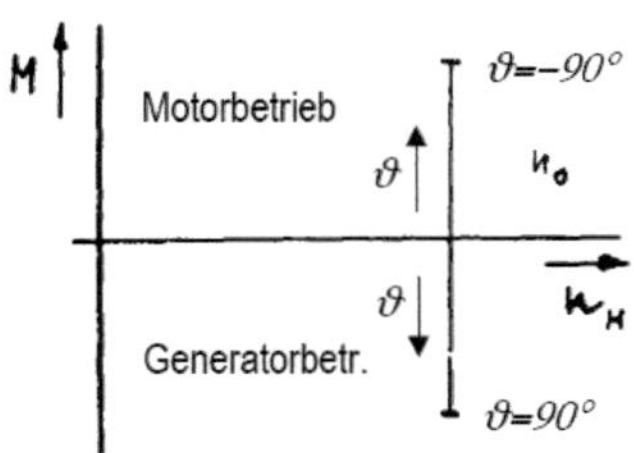

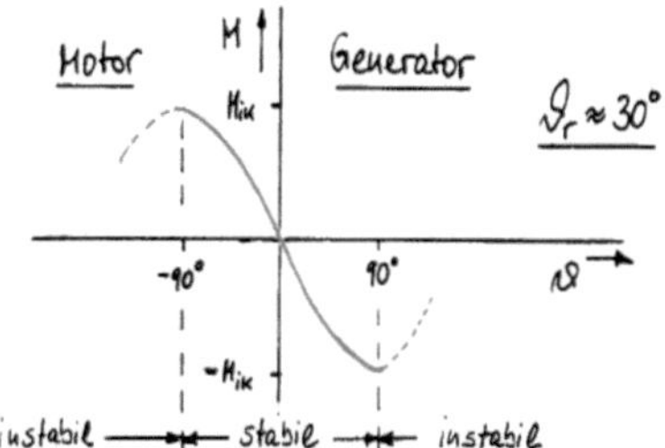


**Abbildung 6**: Drehmomentdrehzahlkennlinie der Synm. [Schröder, R. 1 Kapitel 7.8.7]

**Abbildung 7**: stationär stabiler Arbeitsbereich der Synm. [Schröder, R. 1 Kapitel 7.8.7]

Die elektrische Leistung der Maschine lässt sich mit Hilfe der Gleichungen 12 und 13 bestimmen.

$$Q = -m_1 \cdot \left[ \frac{U_p \cdot U_1}{X_d} \cdot \cos(\vartheta) - \frac{U_1^2}{X_d} \right] \quad (12) \qquad P_{el} = -m_1 \cdot \frac{U_p \cdot U_1}{X_d} \cdot \sin(\vartheta) \quad (13)$$

Mit Gleichung 14 lässt sich das innere elektrische Moment der Maschine bestimmen. Inneres Moment bedeutet, dass Reibungsverluste, Stromwärmeverluste und Eisenverluste nicht berücksichtigt werden.

$$M_{el} = - \frac{p \cdot m_1}{\omega_N} \cdot \frac{U_p \cdot U_1}{X_d} \cdot \sin(\vartheta) \quad (14)$$

Das Kippmoment ist das maximal leistbare Drehmoment der Maschine, es wird mit Formel 15 errechnet.

$$M_{iK} = \frac{p \cdot m_1}{\omega_N} \cdot \frac{U_p \cdot U_1}{X_d} \quad (15)$$

Die Drehmoment-Drehzahlkennlinie der Synchronmaschine ist Abbildung 6 zu entnehmen. Zu beachten ist: wenn das externe Drehmoment größer ist als das Kippmoment, verliert die

Synchronmaschine schlagartig ihr gesamtes Drehmoment. Sie „fällt außer Tritt" und muss sofort vom Netz getrennt werden. Die stabilen Betriebspunkte sind Abbildung 7 zu entnehmen. Aus den Zeigerdiagrammen in Abbildung 5 lassen sich die für den stationären Betrieb wichtigen Stromortskurven, auch V-Kurven genannt, ableiten. Aus Abbildung 5 ist die Gleichung 16 bestimmt worden.

$$\underline{I_1} = -j\,\frac{U_1}{X_d} + j\,\frac{U_p}{X_d} \quad (16)$$

Bei fester Klemmenspannung ist der erste Summand konstant. Ändert sich das Drehmoment ändert sich auch der Polradwinkel. Daraus folgt eine kreisförmige Stromortskurve siehe Abbildung 8.

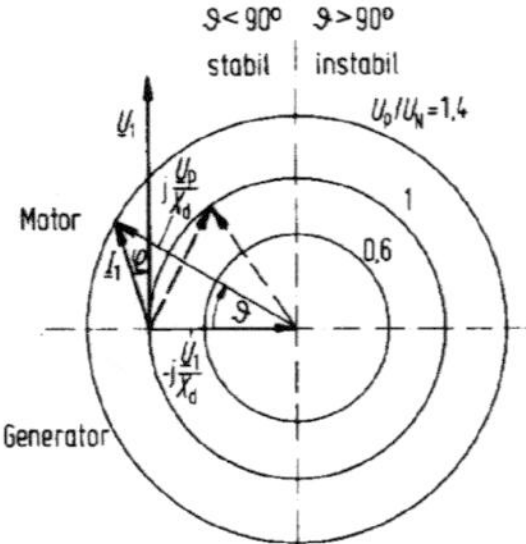


**Abbildung 8**: Stromortskurve der Synm. [Fischer, S. 307]

Eine Änderung der Erregung bei konstantem Drehmoment wirkt sich hauptsächlich auf die erzeugte Blindleistung aus und kaum auf die Wirkleistung. Andersherum ist es bei konstanter Erregung und sich veränderndem Drehmoment, hier besteht eine starke Kopplung zwischen Drehmoment und Wirkleistung.

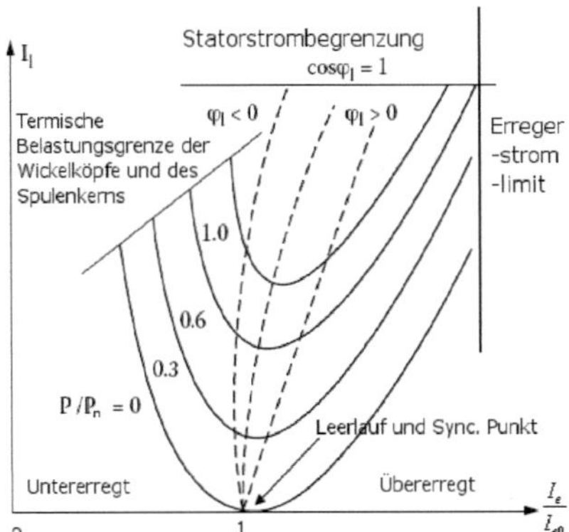


**Abbildung 9**: V-Kurven der Synm. [modifiziert nach Boldea 1 Kapitel 4 S. 40]

Arbeitspunkte konstanter Wirkleistung lassen sich mit Linien verbinden, den so genannten V-Kurven. Aus der Abbildung 9 lassen sich zusätzliche zu den V-Kurven wichtige Betriebspunkte ablesen, der Leerlaufbetrieb und der ideale, da stromlose, Synchronisationspunkt sind eingezeichnet. Jeder Schnittpunkt steht für einen bestimmten Erreger- und Statorstrom. In der Grafik sind die Grenzen für den Stator- und den Erregerstrom zu erkennen.

## 2.4 Die Schenkelpolmaschine

Synchronmaschinen werden bei kleineren Drehzahlen als Schenkelpolmaschinen gefertigt. Die Lehrlaufdrehzahl hängt auch hier von der Polpaarzahl ab, Schenkelpolmaschinen sind meist vielpolig ausgeführt.

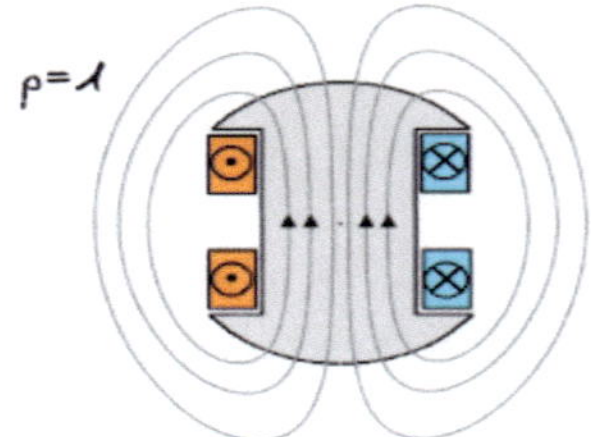

**Abbildung 10**: Schema Schenkelpolmaschine [Schröder, R. 1 Kapitel 7.2]

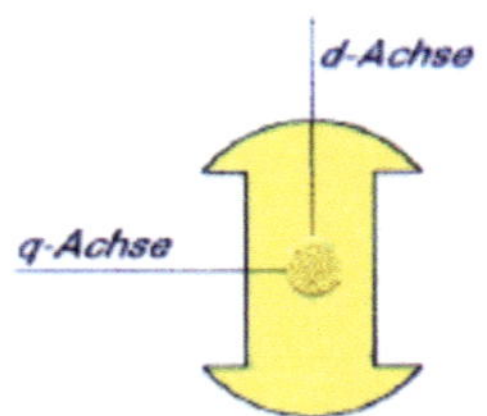

**Abbildung 11**: Achsenlage im Rotor [Schröder, R. 1 Kapitel 7.8.2]

Infolge der ausgeprägten Pole, siehe Abbildung 10, ist der Luftspalt nicht überall gleich, deshalb wird die Schenkelpolmaschine zur leichteren Betrachtung mathematisch in zwei Achsen aufgeteilt, nämlich die Längsachse [d] und die Querachse [q], siehe Abbildung 11. Dabei soll möglichst die Schenkelpolmaschine mit den Gleichungen der Vollpolmaschine beschrieben werden [Schröder, R. 1]. Also wird das Statormagnetfeld in die fiktiven Kompo-nenten anhand der d- und q-Achse aufgeteilt, beide zusammen ergeben das ursprüngliche Feld. Danach werden die beiden Felder durch äquivalente Felder zweier Vollpolläufer ersetzt, siehe Abbildung 12. Um die Drehfelder der d-Achse und q-Achse separat zu ermitteln, wird der Statorstrom auch in eine d- und q-Komponente zerlegt.

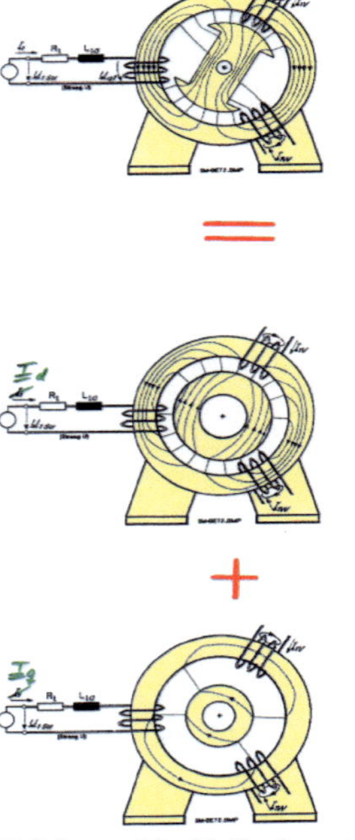

**Abbildung 12**: Vollpolansatz [Schröder, R. 1 Kapitel 7.8.3]

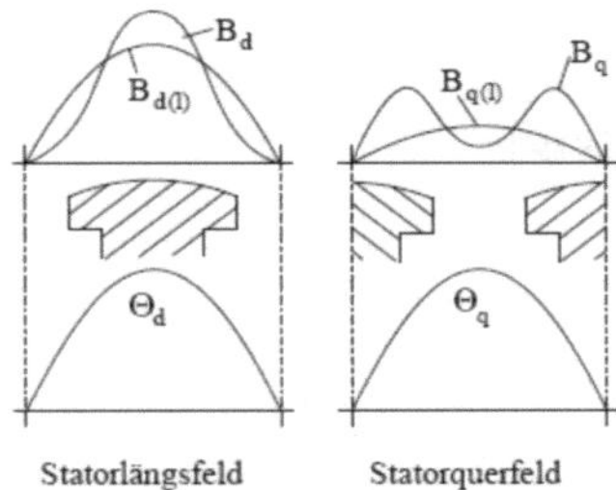


**Abbildung 13**: Feldverlauf unter der
Pollücke [Schröder, D. 1 S.358]

Aus der Abbildung 13 ergibt sich, dass die magnetische Durchflutung in der q-Achse, unter der Pollücke im Statorquerfeld, geringer ist.

Die Abbildung 14 zeigt das Ersatzschaltbild der Synchronmaschine mit Querkopplung zwischen d- und q Achse. Links in der Abbildung sind die Komponenten der d-Achse und rechts die der q-Achse dargestellt. Dieses Ersatzschaltbild besteht aus den Widerständen und Induktivitäten für die Statorwicklung, die Feldwicklung und die dreifach ausgeführte Dämpferwicklung. Die Dämpferwicklung soll Torsionsschwingungen dämpfen, indem, wie bei einer Asynchronmaschine, bei einer Feldänderung ein Drehmoment gebildet wird, das der Änderung entgegenwirkt.

Die Induktivitäten sind als variabel gekennzeichnet. Die Variabilität ist durch die Form der Magnetisierungskurve und deren Sättigung zu begründen, dies wird in der Praxis oft vernachlässigt. Es wird meist eine linearisierte Kennlinie um den Arbeitspunkt angenommen.

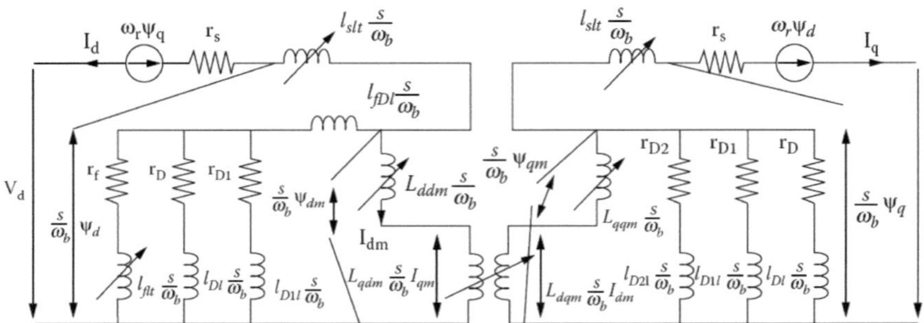

**Abbildung 14**: Ersatzschaltbild der Schenkelpolmaschine mit Querkopplungen [Boldea 1 Kapitel 5 S.58 ]

Hervorzuheben sind die Querkopplungen zwischen den Feld- und Hauptinduktivitäten. Der Dämpferkreis ist mehrfach ausgeführt, um Störungen in verschiedenen Frequenzbereichen besser zu kompensieren und somit das Maschinenverhalten äquivalenter abzubilden [Boldea1]. Das Ersatzschaltbild ist geeignet wenn große Störungen, wie generatornahe Kurzschlüsse, untersucht werden sollen.

Die Aufteilung in die beiden Achsen und die Annahme einer schwachen Kopplung zwischen den beiden Komponenten ermöglicht es, ein vereinfachtes Ersatzschaltbild der Schenkelpolmaschine aufzustellen. Die Idee hinter dieser Vorgehensweise ist die oben beschriebene Annahme, dass sich die Schenkelpolmaschine durch die Überlagerung von zwei Vollpolmaschinen berechnen lässt. Es wird jeweils ein Ersatzschaltbild für die d-Achse und eins für die q-Achse aufgestellt, vergleiche Abbildung 15.

Dieses Ersatzschaltbild verzichtet auf Sättigung und Dämpfung und ist für die Berechnung statischer Vorgänge und Kleinsignalverhalten geeignet.

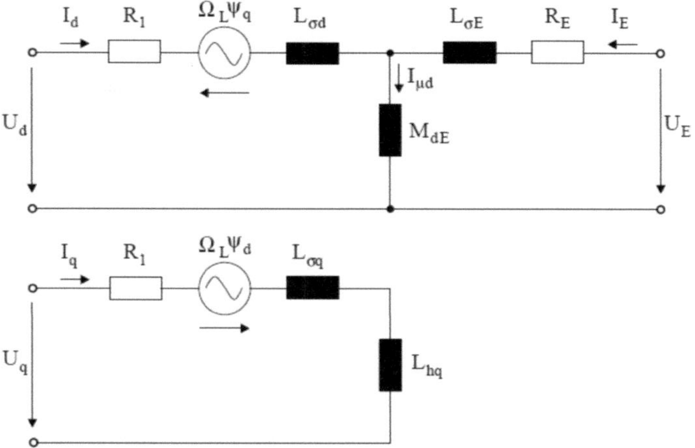

**Abbildung 15**: Vereinfachtes Ersatzschaltbild der Schenkelpolmaschine [Schröder, D. 1 S.371]

In Abbildung 16 hat das Statordrehfeld die gleiche Orientierung wie das Rotorgleichfeld und stimmt auch mit der Orientierung des Schenkelpols überein, dies bedeutet, dass die Summe der resultierenden Lorentzkraft Null ist.

Da die Lorentzkraft das Drehmoment erzeugt, befindet sich die Maschine im idealen Leerlauf. Wenn sich ein Phasenwinkel zwischen der Orientierung der beiden magnetischen Feldern ergibt, ist die Symmetrie nicht mehr vorhanden und es wird ein Drehmoment erzeugt, siehe Abbildung 17.

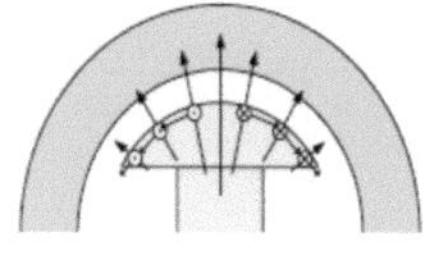


**Abbildung 16**: Leerlauf [Schröder, D. 1 S. 353]

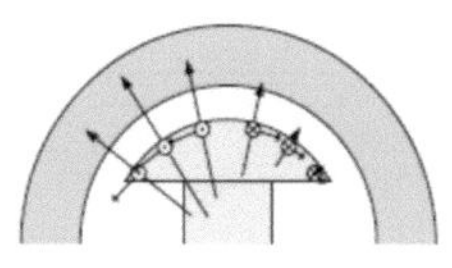


**Abbildung 17**: Drehmomentbildung [Schröder, D. 1 S. 353]

19

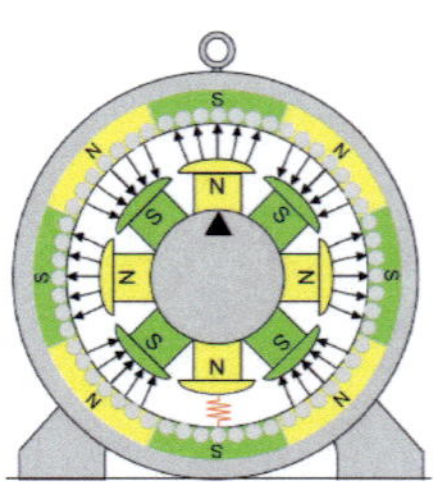

**Abbildung 18**: Leerlauf [Schröder, R. 1 Kapitel 7.4]

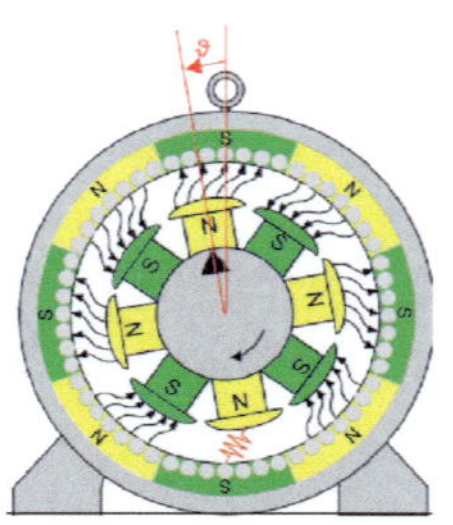

**Abbildung 19**: Motorbetrieb [Schröder, R. 1 Kapitel 7.4]

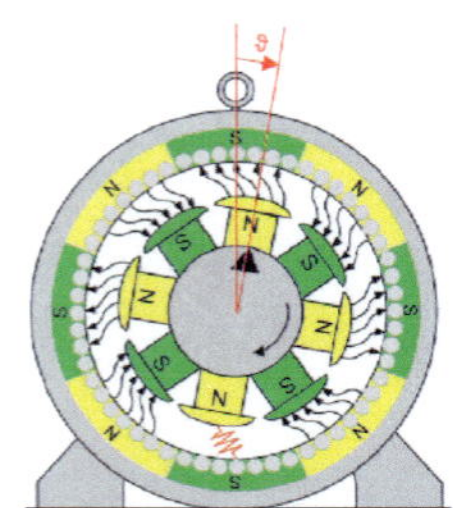

**Abbildung 20**: Generatorbetrieb [Schröder, R. 1 Kapitel 7.4]

Dieser Sachverhalt lässt sich am besten mit dem Polradwinkel $\vartheta$ beschreiben.

Im idealen Leerlauf ist der Polradwinkel null, im Motorbetrieb negativ und im Generatorbetrieb positiv, vergleiche dazu die Abbildungen 18, 19 und 20.

Die Feder in den Abbildungen repräsentieren anschaulich die Kraftwirkung und die Tatsache, dass es im Gegensatz zur Asynchronmaschine, keinen Schlupf gibt. Im Motorbetrieb eilt das Statorfeld dem Polrad vor, im Generatorbetrieb ist es umgekehrt.

Theta ist der Winkel zwischen den Raumzeigern der Statorspannung und der Polradspannung, vergleiche dazu das Zeigerdiagramm in Abbildung 21.

Das Zeigerdiagramm wurde aus dem vereinfachten Ersatzschaltbild Abbildung 15 hergeleitet. Es zeigt die Schenkelpolmaschine in einem übererregten Zustand.

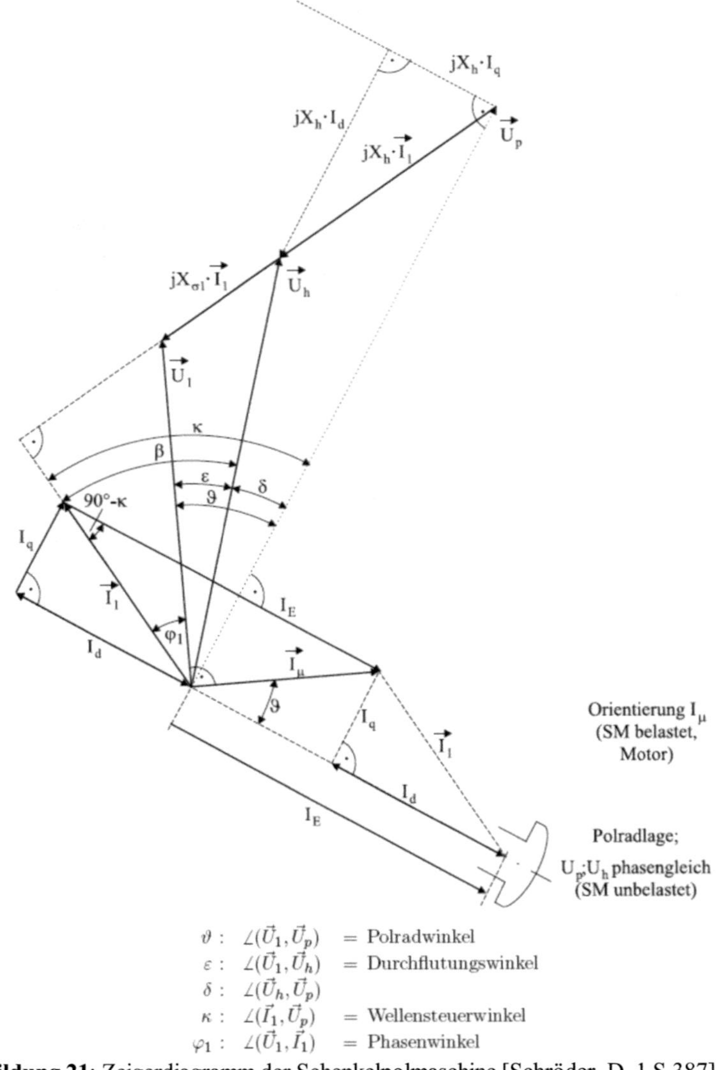


$$\vartheta \;:\; \angle(\vec{U}_1, \vec{U}_p) \;=\; \text{Polradwinkel}$$
$$\varepsilon \;:\; \angle(\vec{U}_1, \vec{U}_h) \;=\; \text{Durchflutungswinkel}$$
$$\delta \;:\; \angle(\vec{U}_h, \vec{U}_p)$$
$$\kappa \;:\; \angle(\vec{I}_1, \vec{U}_p) \;=\; \text{Wellensteuerwinkel}$$
$$\varphi_1 \;:\; \angle(\vec{U}_1, \vec{I}_1) \;=\; \text{Phasenwinkel}$$

**Abbildung 21**: Zeigerdiagramm der Schenkelpolmaschine [Schröder, D. 1 S.387]

Aus dem Zeigerdiagramm ergeben sich die einzelnen Ströme und Spannungen mit den entsprechenden Winkellagen. Die Wirk- und Blindleistung der Maschine kann aus dem Zeigerdiagramm bestimmt werden.

Das Drehmoment der Schenkelpolmaschine resultiert aus zwei sich überlagernden Effekten: dem elektrischen Moment und dem Reluktanzmoment. Das Maschinenmoment berechnet sich nach Formel 17.

Der erste Summand beschreibt die Drehmomentkomponente, die sich aus der Erregung ergibt. Der zweite Summand ist das Reluktanzmoment, das sich ausschließlich ergibt, wenn der Rotor nicht den Aufbau einer Vollpolmaschine besitzt. Bei der Vollpolmaschine ist die d- und q Komponente der Induktivität gleich und damit verschwindet der zweite Summand.

$$M_{el} = \frac{P_{el}}{\omega_{sm}} = 3 \cdot \left( \frac{2}{p \cdot \omega_e} \right) \cdot \left[ U_e \cdot I_q + \omega_e \cdot \left( L_d - L_q \right) \cdot I_q \cdot I_d \right] \quad (17)$$

Die Reluktanz wird auch magnetischer Widerstand genannt. Das System strebt stets nach minimaler Reluktanz. Der magnetische Fluss verteilt sich immer so, dass der geringste magnetische Widerstand überwunden werden muss. Um den Fluss gezielt zu lenken werden besonders bei kleinen Maschinen Flusssperren eingesetzt, siehe Abbildung 22, dadurch entsteht trotz Vollpolform ein Reluktanzmoment [Fischer].

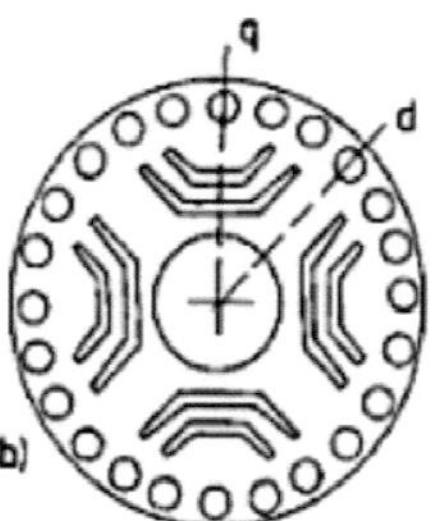


**Abbildung 22**: Rotor mit Flusssperren [Fischer S. 355]

Nach dem Hopkinsonschen Gesetz kann der magnetische Widerstand aus dem Fluss und der magnetischen Spannung bestimmt werden [Raith], vergleiche Formel 18.

$$U_m = R_m \cdot \phi \quad (18)$$

Es stellt sich nach diesem Vergleich der beiden Maschinentypen die Frage, welcher Typ für welchen Einsatzfall die bessere Wahl ist. Bei hohen Drehzahlen ist die Wahl leicht, da aus mechanischen Festigkeitsanforderungen die Wahl auf die Vollpolmaschine beschränkt ist. Bei kleineren Drehzahlen, also unter 1000 Umdrehungen, kommen beide Maschinen in Frage. Hierbei wird meist nicht primär nach technischen Kriterien entschieden, sondern nach betriebswirtschaftlichen. Es entscheiden meist Anschaffungs- und Betriebskosten, dabei liegt die Schenkelpolmaschine in der Tendenz vorn.

Im nächsten Kapitel wird das Modell der Synchronmaschine hergeleitet.

# 3. Herleitung des Models der Synchronmaschine

## 3.1 Modellanforderungen und Modellgrenzen

Ein Modell ist ein Abbild der Wirklichkeit und nicht das selbige.

Die wichtigste Frage bei der Modellierung ist die Frage nach dem Einsatzziel des Models, also die Frage „Was soll untersucht werden?". Die Frage zielt nicht, wie im ersten Moment vermutet, auf das zu modellierende Objekt ab, sondern auf die Ansteuerung des Objekts. Dabei muss entschieden werden, ob Kleinsignalverhalten um den Arbeitspunkt untersucht werden soll, oder ob das Objekt aus dem Arbeitspunkt herausgeführt werden soll. Ein weiterer Aspekt ist, ob es bei einem Arbeitspunktwechsel auf das Verhalten zwischen den Arbeitspunkten ankommt oder nicht. Muss sich das Modell in Grenzbereichen physikalisch richtig verhalten oder spielt dies in diesem Untersuchungsfall keine Rolle [Boldea2].

Von diesen und weiteren Fragestellungen hängt der Erfolg der Modellierung entscheidend ab.

Fehlentscheidungen bei der Beantwortung der obigen Fragen führen zu sinnlosen Simulationsergebnissen oder zu absurden Berechnungsanforderungen.

Diese beiden Extrema ergeben ein Optimierungsproblem, da das Modell „so genau wie nötig und so ungenau wie möglich" sein sollte.

Wie in der Aufgabenstellung beschrieben, soll die zu simulierende fremderregte Schenkelpolsynchronmaschine in ein Modell einer Windkraftanlage eingebunden werden und in diesem Modell als Generator arbeiten, deshalb wird das Modell auch in Generatorkonvention erstellt, vergleiche Abbildung 23.

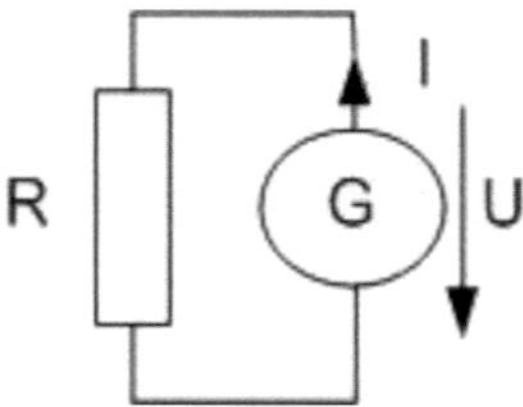


**Abbildung 23**: Generatorkonvention [eigene Darstellung]

Das zu untersuchende Verhalten kann als Großsignalverhalten bezeichnet werden, denn noch sollen auf bestimmte Modellerweiterungen verzichtet werden. Dies geschieht, um die nötige Rechenleistung bzw. Rechenzeit und die Komplexität des Models zu begrenzen.

Die Begrenzung der Komplexität ergibt sich aus der Vorgabe, dass das Modell parametriert werden soll. Die Erhebung der Parameterwerte, also das Messen, Berechnen, Erfragen oder Schätzen der Parameter, wird dabei problematisch. Dies schränkt die Möglichkeiten ein, weil nicht für jede Modellierungsoption oder Modellkomponente die Werte ermittelbar oder beschaffbar sind, da sie zum Beispiel nicht messbar sind oder einem Firmengeheimnis unterliegen.

Im nächsten Schritt werden die Modellgrenzen definiert und  Besonderheiten hervorgehoben sowie eine alternative Vorgehensweise angedeutet.

- Vernachlässigung von Eisenverlusten, da diese schwer zu modellieren sind und keinen großen Einfluss auf das Verhalten haben. Eisenverluste können mit einem FEM- Modell nachgebildet werden.

- Eine sinusförmige Feldverteilung im Luftspalt wird angenommen, dies bedeutet die Vernachlässigung von Oberwellen, die durch die Geometrie der Spulenanordnung entstehen können. Der Einfluss dieser Oberwellen kann erheblich sein [Ong].

- Annahme linearer Verhältnisse in den Induktivitäten, dies bedeutet dass die Sättigung nicht beachtet wird. Sättigung spielt ausschließlich in den Randbereichen des Modells eine Rolle, diese sollen bei der Simulation gemieden werden.
  Die Simulation von Sättigung erfordert erhebliche Rechenleistung und die Kenntnis der Magnetisierungskennlinien.

- Die Stromverdrängung wird in diesem Modell nicht beachtet, sie spielt im Synchronismus keine Rolle, dafür aber bei transientem Verhalten wie dem Einschalten.

- Magnetische Abschirmung und Wirbelströme werden nicht beachtet, da die Parameter nicht zu beschaffen sind. Sie können mit einem Mehrwicklungsansatz gut angenähert werden, vergleiche dazu Abbildung 24 [Ong].

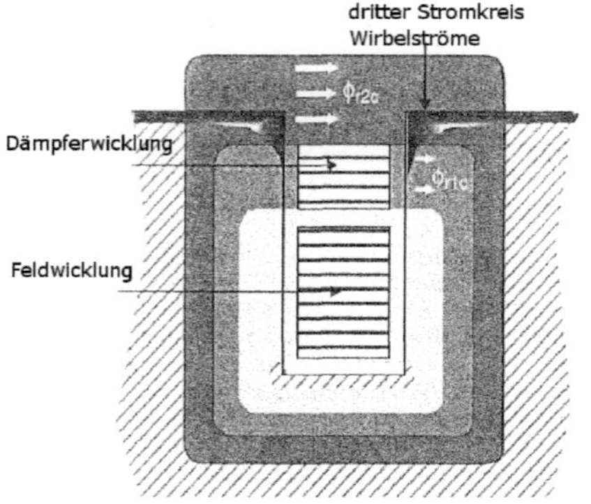


**Abbildung 24**: Magnetische Abschirmung
[Ong S. 305]

- Die Statorwicklungen müssen sich in dq-Komponenten umrechnen lassen.

- Es wird ein Einwicklungsansatz gewählt und somit Kopplungen der Wicklung mit sich selbst vernachlässigt.

- Mögliche Leckströme über Isolation und Lager werden vernachlässigt, da die Maschine als fehlerfrei angenommen wird.

- Kopplungen zwischen d- und q-Komponente werden beachtet, Kopplungen der Dämpferwicklungen untereinander dagegen nicht.

- Das Modell kann sowohl als Schenkelpol- ebenso als Vollpolmaschine betrieben werden.

- Das Modell soll drehzahlvariabel zu betreiben sein.

## 3.2 Die Felder der Synchronmaschine

Wenn hier von Feldern geschrieben wird, sollte man sich immer verdeutlichen, dass die Synchronmaschine ein einziges Feld besitzt. Bei der Modellbildung ist es anschaulicher, dieses eine Feld in mehrere Einzelfelder, dem Verursacher gemäß, aufzuteilen. Diese Einzelkomponenten addieren sich wieder zu dem einen ursprünglich vorhandenen physikalischen Feld.

Das Feld wird gemäß dem Ersatzschaltbild in Haupt, Erreger- und Dämpferanteil aufgeteilt und teilweise noch in einen d- und q- Teil zergliedert. Die Dissektion in die Einzelfelder kann anhand von Abbildung 25 nachvollzogen werden, wobei der Grad der Dissektion von der Modulationstiefe abhängt.

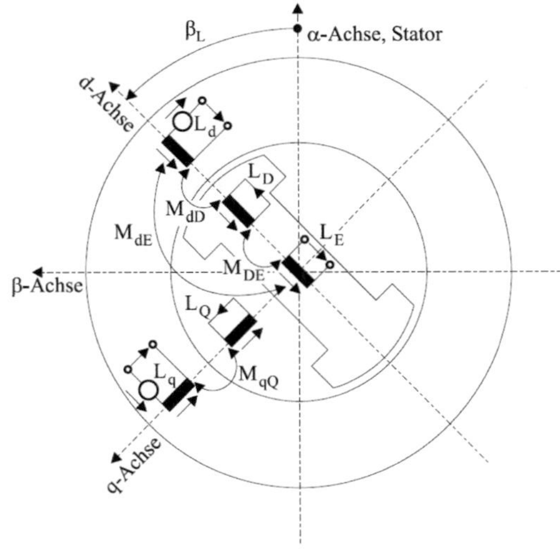



$L_d, L_q$ : Statorsystem, Wicklungssystem 1
$L_E$      : Polrad-Erregung, Wicklungssystem 2
$L_D, L_Q$ : Dämpfersystem, Wicklungssystem 3

**Abbildung 25**: Teilfelder der Synm. [Schröder, D. 1 S. 356]

Das Aufteilen nach dem Verursacherprinzip kann helfen die Vorgänge in der Maschine besser zu verstehen, ein gutes Beispiel dafür ist der asynchrone Anlauf, der stark durch die Dämpfer-wicklungen bestimmt wird.

Teilweise werden Wicklungssysteme, wie die Dämpferwicklung, mehrfach moduliert, um das Verhalten der Maschine bei der Anregung durch unterschiedliche Frequenzen besser abzubilden.


## 3.3 Die Abc-dq Darstellung


Bevor näher auf das mathematische Modell der Synchronmaschine eingegangen wird, wird ein eingehendender Blick auf die Variation der Induktivitäten mit der Rotorposition geworfen. Die Synchronmaschine wird durch die drei Statorkreise beschrieben, die über die Bewegungs-gleichungen mit den beiden orthogonal platzierten Dämpferwicklungen und der Erreger-wicklung verbunden sind [Boldea1], vergleiche dazu Abbildung 26.Stator und Rotor sind magnetisch gekoppelt.

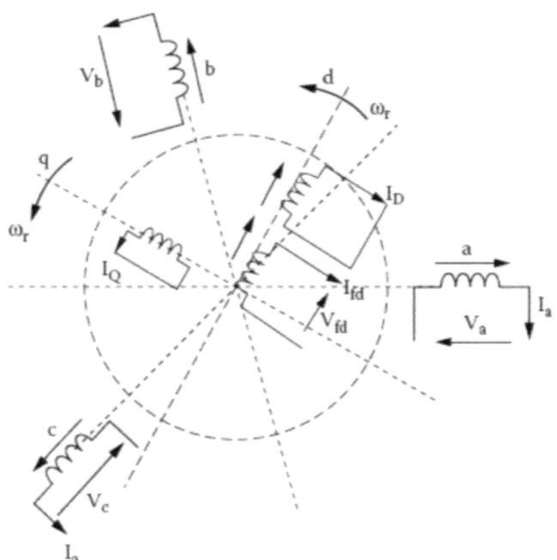


**Abbildung 26**: Schema der räumlichen Wicklungs-verteilung [Boldea1 Kapitel 5.5.3]


Die Spannungsgleichungen für den Stator in Statorkoordinaten und für den Rotor in rotorfesten Koordinaten werden nachfolgend aufgestellt, vergleiche dazu Gleichungssystem 19. Die Variable $i_a$ ist der Statorstrom in Phase a, entsprechend ist $i_d$ der Rotorstrom in der d-Achse.

$$i_a \cdot R_s + u_a = -\frac{d\psi_a}{dt}$$

$$i_b \cdot R_s + u_b = -\frac{d\psi_b}{dt}$$

$$i_c \cdot R_s + u_c = -\frac{d\psi_c}{dt}$$

$$i_d \cdot R_d = -\frac{d\psi_d}{dt} \qquad (19)$$

$$i_q \cdot R_q = -\frac{d\psi_q}{dt}$$

$$i_f \cdot R_f - u_f = -\frac{d\psi_f}{dt}$$

Der entscheidende Aspekt der Verbindung zwischen Flussverkettung und Strom wird in Gleichungssystem 19 nicht deutlich, nämlich die Positionsabhängigkeit bzw. Zeitabhängigkeit der Induktivitäten.

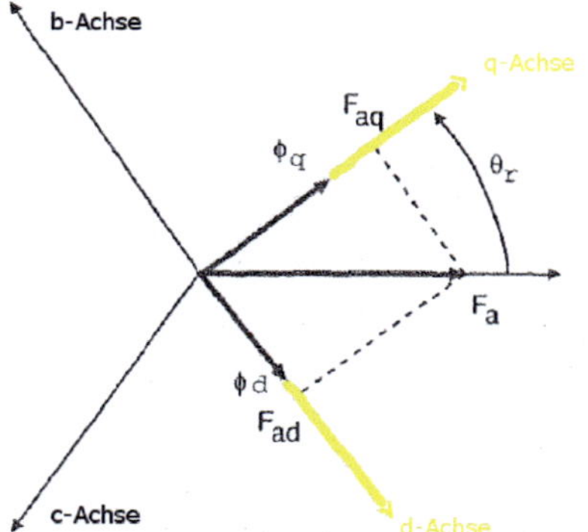


**Abbildung 27**: Elektromagnetische Kraftkomponenten entlang der dq-Achsen [Ong S.262]

Anhand von Abbildung 27 soll nun die Problematik der Winkel- und damit der Positionsabhängigkeit erläutert werden. In diesem Beispiel wird angenommen, dass in Phase a Strom fließt und die sich ergebende magnetische Kraft ($F_a$), zu den Flusskomponenten in den Gleichungen unter 20 führt.

$$\phi_d = P_d \cdot F_a \cdot \sin(\theta_r) \quad und \quad \phi_q = P_q \cdot F_a \cdot \sin(\theta_r) \tag{20}$$

Aus Gleichung 20 kann die Flussverkettung der Phase a mit sich selbst bestimmt werden, siehe Gleichung 21.

$$\begin{aligned}\psi_{aa} &= N_s\left(\phi_d \cdot \sin\left(\theta_r\right) + \phi_q \cdot \cos\left(\theta_r\right)\right) \\ &= N_s \cdot F_A\left(\frac{P_d + P_q}{2} - \frac{P_d - P_q}{2} \cdot \cos\left(2\theta_r\right)\right)\end{aligned} \tag{21}$$

Die Flussverkettung zwischen a und b lässt sich nach Gleichung 22 bestimmen.
Alle anderen Flussverkettungen ergeben sich nach dem gleichen Prinzip aus Abbildung 27.

$$\begin{aligned}\psi_{ba} &= N_s \cdot F_A\left(P_d \cdot \sin\left(\theta_r\right) \cdot \sin\left(\theta_r - \frac{2\pi}{3}\right) + P_q \cdot \cos\left(\theta_r\right) \cdot \cos\left(\theta_r - \frac{2\pi}{3}\right)\right) \\ &= N_s \cdot F_A\left(-\frac{P_d + P_q}{2} - \frac{P_d - P_q}{2} \cdot \cos\left(2\theta_r - \frac{2\pi}{3}\right)\right)\end{aligned} \tag{22}$$

Aus dem funktionalen Verhältnis in Gleichung 21 lässt sich die Selbstinduktivität in Abhängigkeit vom Rotorwinkel, wie in den Gleichungen unter 23 gezeigt, herleiten.

Auf gleichem Wege lassen sich die Gleichungen unter 24 für die Kopplungsinduktivitäten aus

$$\begin{aligned}L_{aa} &= L_0 - L_{ms}\cos(2\theta_r) \\ L_{bb} &= L_0 - L_{ms}\cos\left(2\theta_r - \frac{2\pi}{3}\right) \\ L_{cc} &= L_0 - L_{ms}\cos\left(2\theta_r - \frac{4\pi}{3}\right)\end{aligned} \tag{23}$$

Gleichung 22 ableiten. Das Formelzeichen $L_{ab}$ steht für die Kopplung zwischen den Phasen a und b.

$$L_{ab} = L_{ba} = -\frac{L_0}{2} - L_{ms} \cos\left(2\theta_r - \frac{2\pi}{3}\right)$$

$$L_{bc} = -\frac{L_0}{2} - L_{ms} \cos\left(2\theta_r - \frac{2\pi}{3} - \frac{2\pi}{3}\right) \quad (24)$$

$$L_{ca} = -\frac{L_0}{2} - L_{ms} \cos\left(2\theta_r - \frac{4\pi}{3} - \frac{2\pi}{3}\right)$$

Um den Schreibaufwand zu reduzieren wird folgende Schreibweise eingeführt, siehe Gleichungssystem 25.

$$\begin{bmatrix} u_s \\ u_r \end{bmatrix} = \begin{bmatrix} R_s & 0 \\ 0 & R_r \end{bmatrix} \begin{bmatrix} i_s \\ i_r \end{bmatrix} + \frac{d}{dt} \begin{bmatrix} \psi_s \\ \psi_r \end{bmatrix}$$

$$wobei$$

$$u_s = \begin{bmatrix} u_a & u_b & u_c \end{bmatrix}^T$$

$$u_r = \begin{bmatrix} u_f & u_{kd} & u_g & u_{kq} \end{bmatrix}^T$$

$$i_s = \begin{bmatrix} i_a & i_b & i_c \end{bmatrix}^T$$

$$i_r = \begin{bmatrix} i_f & i_{kd} & i_g & i_{kq} \end{bmatrix}^T \quad (25)$$

$$r_s = diag\begin{bmatrix} r_a & r_b & r_c \end{bmatrix}$$

$$r_r = diag\begin{bmatrix} r_f & r_{kd} & r_g & r_{kq} \end{bmatrix}$$

$$\psi_s = \begin{bmatrix} \psi_a & \psi_b & \psi_c \end{bmatrix}^T$$

$$\psi_r = \begin{bmatrix} \psi_f & \psi_{kd} & \psi_g & \psi_{kq} \end{bmatrix}^T$$

Das mathematische Modell basiert auf dem idealisierten Modell einer zweipoligen Synchronmaschine. Das Gleichungssystem 25 folgt Abbildung 28, bestehend aus dem Stator-, dem Feld-
(g, f) und dem Dämpferkreis (kd, kq) [Ong].

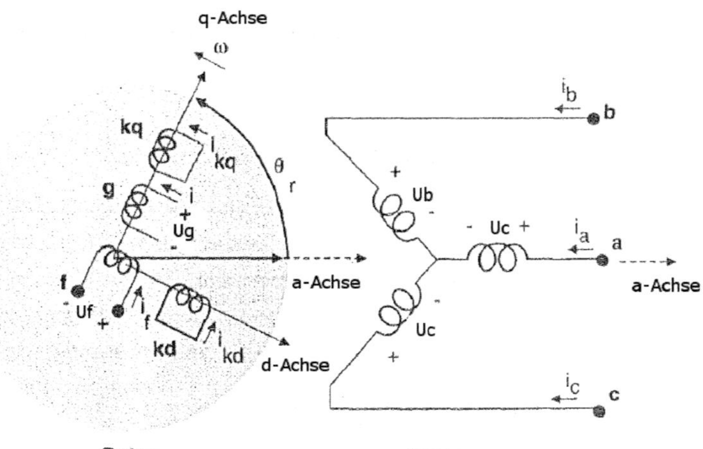


**Abbildung 28**: Ersatzschaltbild der idealisierten Maschine [Ong S. 261]

Mit den in Gleichungssystem 25 gemachten Abkürzungen lässt sich die Flussverkettung, wie
in Gleichungssystem 26 genannt, ausdrücken.

$$\psi_s = L_{ss} \cdot i_s + L_{sr} \cdot i_r$$
$$\psi_r = \left[L_{sr}\right]^T \cdot i_s + L_r \cdot i_r \tag{26}$$

Die Induktivitäten im Gleichungssystem 26 ergeben sich aus den Matrizen in Formel 27 bzw. den Gleichungen 23 und 24.

$$L_{ss} = \begin{bmatrix} L_{ls} + L_0 - L_{ms} \cdot \cos(2 \cdot \theta_r) & -\dfrac{L_0}{2} - L_{ms} \cdot \cos 2\left(\theta_r - \dfrac{\pi}{3}\right) & -\dfrac{L_0}{2} - L_{ms} \cdot \cos 2\left(\theta_r + \dfrac{\pi}{3}\right) \\[2mm] -\dfrac{L_0}{2} - L_{ms} \cdot \cos 2\left(\theta_r - \dfrac{\pi}{3}\right) & L_{ls} + L_0 - L_{ms} \cdot \cos 2\left(\theta_r - \dfrac{2\pi}{3}\right) & -\dfrac{L_0}{2} - L_{ms} \cdot \cos 2\left(\theta_r - \pi\right) \\[2mm] -\dfrac{L_0}{2} - L_{ms} \cdot \cos 2\left(\theta_r + \dfrac{\pi}{3}\right) & -\dfrac{L_0}{2} - L_{ms} \cdot \cos 2\left(\theta_r + \pi\right) & L_{ls} + L_0 - L_{ms} \cdot \cos 2\left(\theta_r + \dfrac{2\pi}{3}\right) \end{bmatrix}$$

$$L_{rr} = \begin{bmatrix} L_{lf} + L_{mf} & L_{fkd} & 0 & 0 \\ L_{kdf} & L_{lkd} + L_{mkd} & 0 & 0 \\ 0 & 0 & L_{lg} + L_{mg} & L_{gkq} \\ 0 & 0 & L_{kqg} & L_{lkq} + L_{mkq} \end{bmatrix} \tag{27}$$

$$L_{sr} = \begin{bmatrix} L_{sf} \cdot \sin(\theta_r) & L_{skd} \cdot \sin(\theta_r) & L_{sg} \cdot \cos(\theta_r) & L_{skq} \cdot \cos(\theta_r) \\[2mm] L_{sf} \cdot \sin\left(\theta_r - \dfrac{2\pi}{3}\right) & L_{skd} \cdot \sin\left(\theta_r - \dfrac{2\pi}{3}\right) & L_{sg} \cdot \cos\left(\theta_r - \dfrac{2\pi}{3}\right) & L_{skq} \cdot \cos\left(\theta_r - \dfrac{2\pi}{3}\right) \\[2mm] L_{sf} \cdot \sin\left(\theta_r + \dfrac{2\pi}{3}\right) & L_{skd} \cdot \sin\left(\theta_r + \dfrac{2\pi}{3}\right) & L_{sg} \cdot \cos\left(\theta_r + \dfrac{2\pi}{3}\right) & L_{skq} \cdot \cos\left(\theta_r + \dfrac{2\pi}{3}\right) \end{bmatrix}$$

Es ist offensichtlich, dass die Matrizen in Formel 27 eine Funktion des Rotorwinkels ($\theta$) sind. Der Rotorwinkel hängt von der Rotationsgeschwindigkeit des Rotor ab, also konkret von der aktuellen Drehzahl. Das ist für sich genommen nicht problematisch, aber die dritte Matrix in Formel 27 muss bei jedem Berechnungsschritt invertiert werden. Das hingegen ist problematisch, da nicht sichergestellt ist, dass die Inverse existiert und zudem ist diese Operation außerordentlich rechenintensiv. Numerische Instabilitäten sollten von Anfang an vermieden werden. Dieses Problem lässt sich durch eine von R.H. Park postulierte abc-dq Tranformation umgehen [Park]. Dabei werden die Statorgrößen in Rotorkoordinaten transformiert, wodurch die Abhängigkeit der Rotorkomponenten vom Rotorwinkel eliminiert wird.

Die Transformation kann anschaulich durch ein zweischrittiges Vorgehen erläutert werden. Zuerst werden die drei abhängigen nullsummenfreien Größen auf zwei unabhängige transformiert. Dies ist lediglich dann möglich, wenn die Größen sich zu Null addieren, also nullsummenfrei sind, andernfalls fällt die Nullsumme raus oder muss durch eine dritte Größe ausgedrückt werden, vergleiche die Clarke Transformation in Abbildung 29.

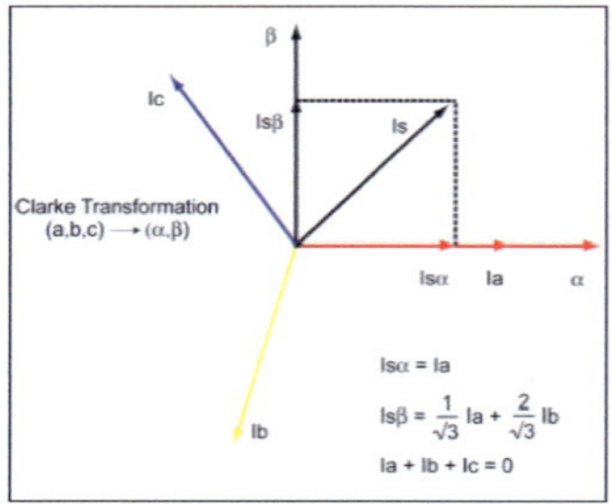


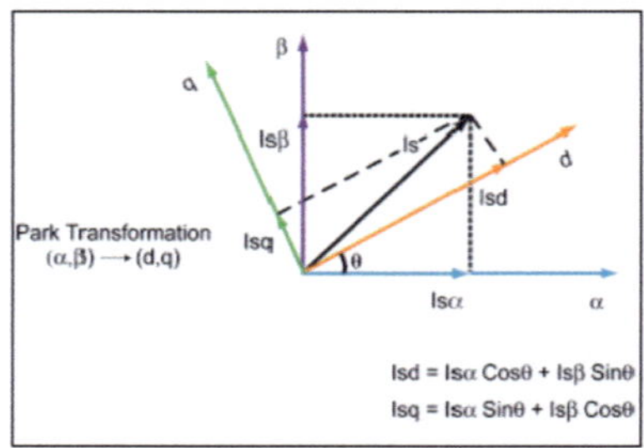


**Abbildung 29**: Clarke Transformation [Yedamale S. 39]

**Abbildung 30**: Parktransformation [Yedamale S. 39]

Der zweite Schritt besteht in der Transformation in ein anderes zweiachsiges System mit den Achsen d und q, also einer Umrechnung der statorbezogenen Größen aus dem α,β-Koordinatensystem in ein rotorbezogenes und damit zeitinvariantes d/q-Koordinatensystem, das sich mit dem Rotor bewegt. Dies lässt sich durch die in Abbildung 30 gezeigte Park-Transformation erreichen. Diese beiden Transformationen genügen den Gleichungen 28 und 29 [Staudt2], die Bezugsgröße ist $Z_a$. Die beiden Rücktransformationen folgen den Gleichungen 30 und 31.

$$\begin{bmatrix} z_\alpha \\ z_\beta \\ z_{III} \end{bmatrix} = \frac{2}{3} \begin{bmatrix} 1 & -1/2 & -1/2 \\ 0 & \sqrt{3}/2 & -\sqrt{3}/2 \\ -1/2 & 1/2 & 1/2 \end{bmatrix} * \begin{bmatrix} z_a \\ z_b \\ z_c \end{bmatrix} \quad (28) \qquad \begin{bmatrix} z_q \\ z_d \\ z_{III} \end{bmatrix} = \begin{bmatrix} \cos(\theta_r) & -\sin(\theta_r) & 0 \\ \sin(\theta_r) & \cos(\theta_r) & 0 \\ 1 & 1 & 1 \end{bmatrix} * \begin{bmatrix} z_\alpha \\ z_\beta \\ z_{III} \end{bmatrix} \quad (29)$$

Rücktransformationen:

$$\begin{bmatrix} z_a \\ z_b \\ z_c \end{bmatrix} = \begin{bmatrix} 1 & 0 & 1 \\ -1/2 & \sqrt{3}/2 & 1 \\ -1/2 & -\sqrt{3}/2 & 1 \end{bmatrix} * \begin{bmatrix} z_\alpha \\ z_\beta \\ z_{III} \end{bmatrix} \quad (30) \qquad \begin{bmatrix} z_\alpha \\ z_\beta \\ z_{III} \end{bmatrix} = \begin{bmatrix} \cos(\theta_r) & \sin(\theta_r) & 0 \\ -\sin(\theta_r) & \cos(\theta_r) & 0 \\ 1 & 1 & 1 \end{bmatrix} * \begin{bmatrix} z_q \\ z_d \\ z_{III} \end{bmatrix} \quad (31)$$

Die Transformation kann auch in einem Schritt vollzogen werden, dies ist aber insgesamt rechenintensiver, da die sich ergebenden trigonometrischen Funktionen aufwendiger zu lösen sind. Die Nullkomponenten spielen bei Drehfeldmaschinen keine Rolle, da sie nullsystemfrei sind.

## 3.4 Das mathematische Modell der Synchronmaschine

Alle weiteren Betrachtungen orientieren sich an der im letzten Kapitel eingeführten Abbildung 28. Als Eingangsgrößen werden die drei Außenleiterspannungen, die elektrische Erregung und das äußere mechanische Moment gewählt.

Auf die Darstellung der Maschine in einem statorfesten Koordinatensystem wird an dieser Stelle verzichtet, dazu sei auf [Ong] verwiesen.

Die Darstellung in rotorfesten dq0- Koordinaten, wie zuvor ausgeführt, kommen der Simulation von elektrischen Maschinen entgegen.

Als Nächstes werden die im Modell verwendeten Induktivitäten definiert und die Gleichungen für die Spannungen und Flüsse aufgestellt. Als Erstes werden die Magnetisierungsinduktivitäten in den

$$L_{md} = \frac{3}{2}(L_0 + L_{ms}) = \frac{3}{2}\left(N_s^2 \frac{P_d + P_q}{2} - N_s^2 \frac{P_d - P_q}{2}\right) = \frac{3}{2}N_s^2 P_d$$

$$L_{mq} = \frac{3}{2}(L_0 - L_{ms}) = \frac{3}{2}N_s^2 P_q \tag{32}$$

Um die Koeffizienten der Induktivitäten in einer symmetrischen Matrix darstellen zu können, werden die Rotorgrößen auf den Stator bezogen, dazu muss das Windungsverhältnis zwischen Stator und Rotor beachtet werden [Ong].

Dazu werden die in den Gleichungen 33, 34, 35 und 36 definierten Verhältnisse verwendet. Der Vorfaktor zweidrittel in den Gleichungen unter 33 ist wichtig für die Symmetrie der Induktivitätsmatrix.

$$i'_f = \frac{2}{3}\frac{N_f}{N_s}i_f \qquad\qquad i'_g = \frac{2}{3}\frac{N_g}{N_s}i_g$$
$$i'_{kd} = \frac{2}{3}\frac{N_{kd}}{N_s}i_{kd} \qquad\qquad i'_{kq} = \frac{2}{3}\frac{N_{kq}}{N_s}i_g \tag{33}$$

$$u'_f = \frac{N_s}{N_f}u_f \qquad\qquad u'_g = \frac{N_s}{N_g}u_g$$
$$u'_{kd} = \frac{N_s}{N_{kd}}u_{kd} \qquad\qquad u'_{kq} = \frac{N_s}{N_{kq}}u_{kq} \tag{34}$$

$$\lambda'_f = \frac{N_s}{N_f}\lambda_f \qquad\qquad \lambda'_g = \frac{N_s}{N_g}\lambda_g$$
$$\lambda'_{kd} = \frac{N_s}{N_{kd}}\lambda_{kd} \qquad\qquad \lambda'_{kq} = \frac{N_s}{N_{kq}}\lambda_{kq} \tag{35}$$

$$r'_f = \frac{3}{2}\left(\frac{N_s}{N_f}\right)^2 r_f \qquad\qquad r'_g = \frac{3}{2}\left(\frac{N_s}{N_g}\right)^2 r_g$$
$$r'_{kd} = \frac{3}{2}\left(\frac{N_s}{N_{kd}}\right)^2 r_{kd} \qquad\qquad r'_{kq} = \frac{3}{2}\left(\frac{N_s}{N_{kq}}\right)^2 r_{kq} \tag{36}$$

Mit Hilfe von Gleichung 32 lassen sich die Induktivitäten wie folgend in den Gleichungen unter 37 definieren.

$$L_{sf} = N_s N_f P_d = \frac{2}{3}\frac{N_f}{N_s}L_{md} \qquad L_{sg} = N_s N_g P_q = \frac{2}{3}\frac{N_g}{N_s}L_{mq}$$

$$L_{skd} = N_s N_{kd} P_d = \frac{2}{3}\frac{N_{kd}}{N_s}L_{md} \qquad L_{skq} = N_s N_{kq} P_q = \frac{2}{3}\frac{N_{kq}}{N_s}L_{mq}$$

$$L'_{ff} = \frac{3}{2}\left(\frac{N_s}{N_f}\right)^2 L_{lf} + L_{md} \qquad L_{mf} = N_f^2 P_d = \frac{2}{3}\left(\frac{N_f}{N_s}\right)^2 L_{md}$$

$$L'_{kdkd} = \frac{3}{2}\left(\frac{N_s}{N_{kd}}\right)^2 L_{lkd} + L_{md} \qquad L_{mkd} = N_{kd}^2 P_d = \frac{2}{3}\left(\frac{N_{kd}}{N_s}\right)^2 L_{md} \qquad (37)$$

$$L_{fkd} = N_f N_{kd} P_d = \frac{2}{3}\left(\frac{N_f N_{kd}}{N_s^2}\right) L_{md} \qquad L_{gkq} = N_g N_{kq} P_q = \frac{2}{3}\left(\frac{N_g N_{kq}}{N_s^2}\right) L_{mq}$$

$$L'_{gg} = \frac{3}{2}\left(\frac{N_s}{N_g}\right)^2 L_{lg} + L_{mq} \qquad L_{mg} = N_g^2 P_q = \frac{2}{3}\left(\frac{N_g}{N_s}\right)^2 L_{mq}$$

$$L'_{kqkq} = \frac{3}{2}\left(\frac{N_s}{N_{kq}}\right)^2 L_{lkq} + L_{mq} \qquad L_{mkq} = N_{kq}^2 P_q = \frac{2}{3}\left(\frac{N_{kq}}{N_s}\right)^2 L_{mq}$$

Traditionell werden die Gegeninduktivitäten in Form von Summen zusammengefasst und in Form von Formel 38 aufgestellt.

$$\begin{aligned} L_d &= L_{md} + L_{ls} \\ L_q &= L_{mq} + L_{ls} \end{aligned} \qquad (38)$$

Es sind alle Größen eingeführt, um die Spannungs- und Flussgleichungen aufzustellen.
Die Spannungsgleichungen in Rotor dq-Koordinaten bezogen auf Statorgrößen sind durch das Gleichungssystem 39 gegeben.

$$u_q = r_s i_q + \frac{d\lambda_q}{dt} + \lambda_d \frac{\theta_r}{dt}$$

$$u_d = r_s i_d + \frac{d\lambda_d}{dt} - \lambda_q \frac{\theta_r}{dt}$$

$$u_0 = r_s i_0 + \frac{d\lambda_0}{dt}$$

$$u_f' = r_f' i_f' + \frac{d\lambda_f'}{dt} \qquad \textbf{(39)}$$

$$u_{kd}' = r_{kd}' i_{kd}' + \frac{d\lambda_{kd}'}{dt}$$

$$u_g' = r_g' i_g' + \frac{d\lambda_g'}{dt}$$

$$u_{kq}' = r_{kq}' i_{kq}' + \frac{d\lambda_{kq}'}{dt}$$

Der Fluss ist durch Gleichungssystem 40 gegeben.

$$\lambda_q = L_q i_q + L_{mq} i_g' + L_{mq} i_{kq}'$$

$$\lambda_d = L_d i_d + L_{md} i_f' + L_{md} i_{kd}'$$

$$\lambda_0 = L_{ls} i_0$$

$$\lambda_f' = L_{md} i_d + L_{md} i_{kd}' + L_{ff}' i_f' \qquad \textbf{(40)}$$

$$\lambda_{kd}' = L_{md} i_d + L_{md} i_f' + L_{kdkd}' i_{kd}'$$

$$\lambda_g' = L_{mq} i_q + L_{gg}' i_g' + L_{mq}' i_{kq}'$$

$$\lambda_{kq}' = L_{mq} i_q + L_{mq} i_g' + L_{kqkqk}' i_{kq}'$$

Aus den Gleichungen für die ideale Maschine lässt sich die Abbildung 31 herleiten.

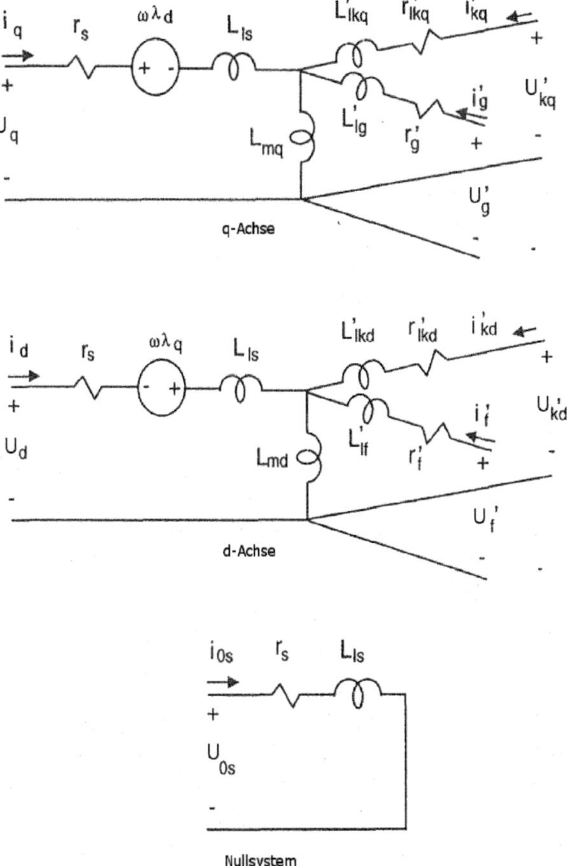


**Abbildung 31**: Äquivalentes dq0 Ersatzschaltbild [Ong S. 271]

Das resultierende elektrische Moment kann aus der zugeführten Energie berechnet werden.
Wenn die Formel 41 in mit ω rotierende dq0- Koordinate transformiert wird, ergibt sich die
Gleichung 42.

$$P_{in} = u_a i_a + u_b i_b + u_c i_c + u_f i_f + u_g i_g \quad (41)$$

In Gleichung 42 werden nun alle Summanden eliminiert, die ohmsche Verluste beinhalten und solche, welche die Ableitungen des Flusses enthalten.

$$P_{in} = \frac{3}{2}\left(u_q i_q + u_d i_d\right) + 3u_0 i_0 + u_f i_f + u_g i_g$$

$$= \frac{3}{2}\left(r_s\left(i_q^2 + i_d^2\right) + i_q \frac{d\lambda_q}{dt} + i_d \frac{d\lambda_d}{dt} + \omega_r\left(\lambda_d i_q - \lambda_q i_d\right)\right) \quad (42)$$

$$+ 3r_0 i_0^2 + 3i_0 \frac{d\lambda_0}{dt} + r_f i_f^2 + i_f \frac{d\lambda_f}{dt} + r_g i_g^2 + i_g \frac{d\lambda_g}{dt}$$

Die Summanden, die kein Moment bilden werden gestrichen, daraus resultiert die Gleichung 43.

$$P_{em} = \frac{3}{2}\omega_r\left(\lambda_d i_q - \lambda_q i_d\right) \quad wobei\ gilt \quad \omega_r = \frac{P}{2}\omega_{rm} \quad (43)$$

Wenn Gleichung 43 durch die Rotorgeschwindigkeit dividiert wird ergibt sich das innere Drehmoment der Maschine, vergleiche dazu Formel 44.

$$M_{em} = \frac{3 \cdot P}{2}\left(\lambda_d i_q - \lambda_q i_d\right) \quad (44)$$

Aus den soeben ermittelten Flüssen lassen sich die einzelnen Ströme bestimmen, dazu werden die folgenden Hilfsgröße $\lambda_{mq}$ und $\lambda_{md}$ definiert, vergleiche Gleichungssystem 45.

$$\begin{aligned}
\lambda_{mq} &= L_{mq}\left(i_q + i_g' + i_{kq}'\right) \\
\lambda_{md} &= L_{md}\left(i_d + i_f' + i_{kd}'\right)
\end{aligned} \quad (45)$$

Mit den Hilfsgrößen in Gleichung 45 lassen sich die Gleichungen 46 für die Ströme aufstellen. Die Simulation von elektrischen Maschinen mit den Gleichungen der Ströme ist eine übliche Vorgehensweise [Ong].

$$i_q = \frac{1}{L_{ls}}\left(\lambda_q - \lambda_{mq}\right) \qquad i_d = \frac{1}{L_{ls}}\left(\lambda_d - \lambda_{md}\right)$$

$$i'_g = \frac{1}{L'_{ls}}\left(\lambda'_g - \lambda_{mq}\right) \qquad i'_f = \frac{1}{L'_{lf}}\left(\lambda'_f - \lambda_{md}\right) \tag{46}$$

$$i'_{kq} = \frac{1}{L'_{lkq}}\left(\lambda'_{kq} - \lambda_{mq}\right) \qquad i'_{kd} = \frac{1}{L'_{lkd}}\left(\lambda'_{kd} - \lambda_{md}\right)$$

Der Polradwinkel wurde bereits eingeführt, es fehlt aber noch eine mathematisch eindeutige Festlegung des Winkels. Der Winkel kann mit Gleichung 47 bestimmt werden.

$$\begin{aligned}
\delta(t) &= \theta_r(t) - \theta_e(t) \\
&= \int_0^t \left(\omega_r(t) - \omega_e(t)\right)dt + \theta_r(0) - \theta_e(0)
\end{aligned} \tag{47}$$

Wobei $\theta_r$ der Winkel zwischen der Rotor q-Achse und dem Statorstrom in Phase a ist und der Winkel $\theta_e$ ist der Winkel zwischen der synchron rotierenden Referenz und der gleichen Phase. Der Winkel wird von der Referenz aus gemessen.

## 3.5 Die Modellgleichungen

Alle mathematischen Grundlagen für die Simulation sind in den vorherigen Kapiteln dargelegt worden, folgend wird die Implementierung der Gleichungen in Matlab Simulink beschrieben. Es soll möglichst ein lesbares und rechenleistungsoptimiertes Modell erstellt werden, da es in einem größeren Zusammenhang verwendet werden soll.

Das Modell der Maschine wird mehrschichtig aufgebaut, um die Benutzung des Modells auch ohne Kenntnis der inneren Zusammenhänge zu ermöglichen. Das Modell soll über ein Dialogfeld zu parametrieren sein und von außen mit den nötigen Eingangs- und Ausgangsgrößen versorgt werden können. Diese Vorstellung wird durch Abbildung 32 illustriert.

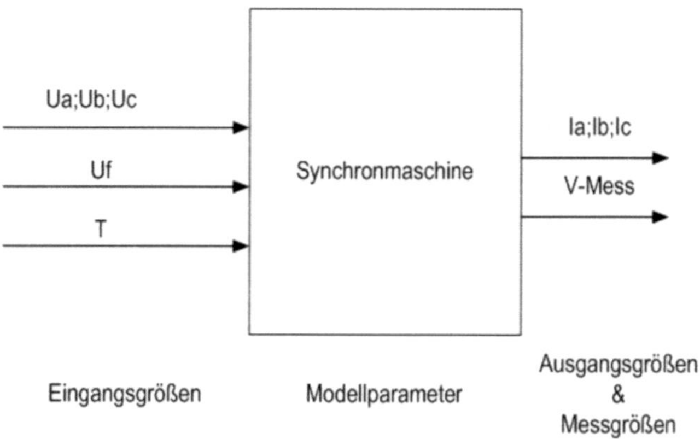


**Abbildung 32**: Modellübersicht [eigene Darstellung]

Hervorzuheben ist die Unterscheidung zwischen Ausgangsgrößen und Messwerten, die Ausgangsgrößen werden für den Betrieb des Modells benötigt, um eine Rückkopplung und Interaktion mit der Umwelt zu ermöglichen. Die Messwerte bilden den Betriebszustand ab und sind für die eigentliche Funktion unerheblich.

In der nächsten Schicht werden alle für die Simulation wichtigen Elemente um das physikalische Modell angeordnet, die nicht direkt mit der Physik der Maschine zusammenhängen.

Transformationen, Normierungen sowie Oszillatoren werden nicht der Physik zugeordnet und befinden sich deshalb außerhalb des eigentlichen Modells. Dies wird in Abbildung 33 als Übersichtschaltplan dargestellt. Das schwarze dicke innere Quadrat symbolisiert die Maschine,

Vektoren gehen zur besseren Übersichtlichkeit immer von einem Quadrat zum nächsten und können dieses ausschließlich über neue Vektoren verlassen. Die Abbildung 33 zeigt, den in Matlab realisierten Aufbau bis auf die Rückkopplung zum Netz und den Oszillator, der den Transformationswinkel generiert.

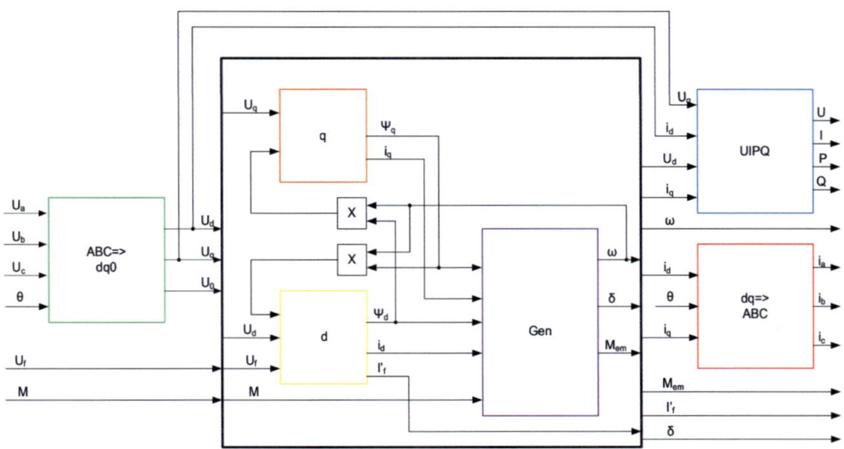



Transformation       Synchronmaschine       Rücktransformation

**Abbildung 33**: Signalflussplan des Synchronmaschinenmodells [eigene Darstellung]

Besondere Aufmerksamkeit sollte auf die gezeigten Rück- und Querkopplungen gerichtet werden, welche die Modellanalyse erheblich erschweren und sich entscheidend auf die Rechenperformance auswirken.

Da nun der schematische Rahmen für das Modell feststeht, können die im Modell verwendeten Gleichungen aufgestellt werden, die sich in ihrer Form nochmals von den zuvor aufgestellten Gleichungen unterscheiden.

Es werden zur besseren Übersichtlichkeit alle für das Modell nötigen Gleichungen hier zusammenfassend aufgestellt, auch wenn sie zuvor schon genannt wurden. Die Aufstellung der Gleichung folgt dem Signalflussplan in Abbildung 33 und beginnt mit der abc-dq0 Transformation.

Die Transformation wird in zwei Schritten mit den Gleichungen 48 und 49 durchgeführt. Bei einer direkten Transformation müssen vier zusätzlich trigonometrische Funktionen gelöst werden und diese Vorgehensweise ist insgesamt langsamer.

$$u_q^s = \frac{2}{3}u_a - \frac{1}{3}u_b - \frac{1}{3}u_c \qquad\qquad u_q = u_q^s \cos(\theta_r(t)) - u_d^s \sin(\theta_r(t))$$

$$u_q^s = \frac{1}{\sqrt{3}}\left(u_c - u_b\right) \qquad (48) \qquad u_d = u_q^s \sin(\theta_r(t)) + u_d^s \cos(\theta_r(t)) \qquad (49)$$

$$u_0 = \frac{1}{3}\left(u_a + u_b + u_c\right)$$

Die Spannung ist eine Eingangsgröße, damit dies deutlich wird, soll sie unverändert in den Gleichungen der Synchronmaschine wiedererkennbar sein. Dies wird besonders deutlich, wenn die Gleichungen der Flussverkettung in integraler Form aufgestellt werden. Für eine Maschine mit einer Erregerwicklung in der d-Achse und einer Dämpferwicklung in der d- und q-Achse ergibt sich das Gleichungssystem 50.

$$\psi_q = \omega_b \int \left\{ u_q - \frac{\omega_r}{\omega_b}\psi_d + \frac{r_s}{x_{ls}}\left(\psi_{mq} - \psi_q\right) \right\} dt$$

$$\psi_d = \omega_b \int \left\{ u_d + \frac{\omega_r}{\omega_b}\psi_q + \frac{r_s}{x_{ls}}\left(\psi_{md} - \psi_d\right) \right\} dt$$

$$\psi_0 = \omega_b \int \left\{ u_0 - \frac{\omega_r}{\omega_b}\psi_0 \right\} dt$$

$$\psi'_{kq} = \frac{\omega_b r'_{kq}}{x'_{lkq}} \int \left\{ \left(\psi_{mq} - \psi'_{kq}\right) \right\} dt \qquad\qquad \textbf{(50)}$$

$$\psi'_{kd} = \frac{\omega_b r'_{kd}}{x'_{lkd}} \int \left\{ \left(\psi_{md} - \psi'_{kd}\right) \right\} dt$$

$$\psi'_f = \frac{\omega_b r'_f}{x_{md}} \int \left\{ U_f + \frac{x_{md}}{x'_{lf}}\left(\psi_{md} - \psi'_f\right) \right\} dt$$

Dabei ergibt sich die Flussverkettung der Magnetisierung aus Gleichungssystem 51 und die Erregerspannung aus Gleichung 52.

$$\psi_{mq} = \omega_b L_{mq}\left(i_q + i'_{kq}\right)$$

$$\psi_{md} = \omega_b L_{md}\left(i_d + i'_{kd} + i'_f\right) \qquad \textbf{(51)}$$

$$U_f = x_{md}\frac{U'_f}{r'_f} \quad \textbf{(52)}$$

Die Integrale im Gleichungssystem 50 müssen vor dem Start der Simulation initialisiert werden, also mit Anfangswerten versorgt werden. Die Maschine wird so initialisiert, dass Synchronismus vorliegt, dies verkürzt die Rechenzeit erheblich. Die Maschine wird mit den Gleichungen unter 53 initialisiert.

$$\psi_q = x_{ls} i_q + \psi_{mq}$$

$$\psi_d = x_{ls} i_d + \psi_{md}$$

$$\psi_0 = x_{ls} i_0$$

$$\psi'_f = x'_{lf} i'_f + \psi_{md}$$

$$\psi'_{kd} = x'_{lkd} i'_{kd} + \psi_{md}$$

$$\psi'_{kq} = x'_{lkq} i'_{kq} + \psi_{mq}$$

*wobei*

$$\psi_{mq} = x_{MQ}\left( \frac{\psi_q}{x_{ls}} + \frac{\psi'_{kq}}{x'_{lkq}} \right) \qquad (53)$$

$$\psi_{md} = x_{MD}\left( \frac{\psi_d}{x_{ls}} + \frac{\psi'_{kd}}{x'_{lkd}} + \frac{\psi'_f}{x'_{lf}} \right)$$

*und*

$$\frac{1}{x_{MQ}} = \frac{1}{x_{mq}} + \frac{1}{x'_{lkq}} + \frac{1}{x_{ls}}$$

$$\frac{1}{x_{MD}} = \frac{1}{x_{md}} + \frac{1}{x'_{lkd}} + \frac{1}{x'_{lf}} + \frac{1}{x_{ls}}$$

Mit der Flussverkettung und der Magnetisierung aus den Gleichungssystemen 50 und 51 können die Ströme ermittelt werden, dazu vergleiche das Gleichungssystem 54.

$$i_q = \frac{\psi_q - \psi_{mq}}{x_{ls}}$$

$$i_d = \frac{\psi_d - \psi_{md}}{x_{ls}}$$

$$i'_{kq} = \frac{\psi'_{kd} - \psi_{mq}}{x'_{lkq}} \quad (54)$$

$$i'_{kd} = \frac{\psi'_{kd} - \psi_{md}}{x'_{lkd}}$$

$$i'_f = \frac{\psi'_f - \psi_{md}}{x'_{lf}}$$

Aus der Flussverkettung und den Strömen kann das Drehmoment bestimmt werden. Das elektrische Drehmoment der Maschine kann mit Formel 55 bestimmt werden, die in Motorkonvention aufgestellt ist. Die Konstante $\omega_b$ stellt hierbei eine Normierung dar. Negatives Drehmoment bedeutet Generatorbetrieb und positives Motorbetrieb.

$$M_{em} = \frac{P_{em}}{\omega_{rm}} = \frac{3}{2}\frac{P}{\omega_b}\left(\psi_d i_q - \psi_q i_d\right) \quad (55)$$

Aus dem Drehmoment wird die Bewegungsgleichung des Rotors bestimmt, siehe Formel 56.

$$M_{em} + M_{mech} - M_{damp} = J\frac{d\omega_{rm}(t)}{dt} = \frac{J}{P}\frac{d\omega_r(t)}{dt} \quad (56)$$

Die dämpfende Drehmomentkomponente steht für die Reibung, die jeder Bewegung entgegenwirkt [Ong].

Der Rotorwinkel $\delta$ ergibt sich aus Gleichung 57.

$$\delta(t) = \theta_r(t) - \theta_s(t)$$
$$= \int_0^t (\omega_r(t) - \omega_s(t))dt + \theta_r(0) - \theta_s(0)$$

$$\text{wenn} \quad \omega_s \quad konst\,an\,t$$
$$\frac{d(\omega_r(t) - \omega_s)}{dt} = \frac{d(\omega_r(t))}{dt}$$

(57)

Aus den Gleichungen 56 und 57 kann nun der elektrische Drehfeldwinkel berechnet werden, siehe Gleichung 58.

$$\frac{P}{J} \int_0^t (M_{em} + M_{mech} - M_{damp})dt = \omega_r(t) - \omega_s(t) \quad (58)$$

Um die im Modell berechneten Ströme in das Energieversorgungsnetz einspeisen bzw. zurückspeisen zu können, müssen die in dq0-Rotorkoordinaten vorliegenden Ströme in abc-Statorkoordinaten zurück transformiert werden, dazu werden die Gleichungen 59 und 60 verwendet. Die Transformation wird aus den gleichen Gründen wie die Hintransformation in zwei Schritten durchgeführt, also zuerst in dq-Statorkoordinaten und dann in abc-Statorkoordinaten.

$$i_q^s = i_q \cos(\theta_r(t)) + i_d \sin(\theta_r(t))$$
$$i_d^s = -i_q \sin(\theta_r(t)) + i_d \cos(\theta_r(t))$$

(59)

$$i_a = i_q^s + i_0$$
$$i_b = -\frac{1}{2}i_q^s - \frac{\sqrt{3}}{2}i_d^s + i_0$$
$$i_c = -\frac{1}{2}i_q^s + \frac{\sqrt{3}}{2}i_d^s + i_0$$

(60)

Es werden zudem die Messgrößen, für den Betrag der Spannung und des Stroms ermittelt sowie die Augenblickswirk- und Blindleistung der Maschine. Die Berechnungen erfolgen mit den Gleichungen 61 und 62.

$$\left| u_s \right| = \sqrt{\left( u_q^2 + u_d^2 \right)}$$
$$\left| i_s \right| = \sqrt{\left( i_q^2 + i_d^2 \right)} \quad \text{(61)}$$

$$P_{gen} = \frac{3}{2} \left( u_q \cdot i_q + u_d \cdot i_d \right)$$
$$Q_{gen} = \frac{3}{2} \left( u_q \cdot i_d + u_d \cdot i_q \right) \quad \text{(62)}$$

Für die Transformation werden der Sinus und der Kosinus des Polradwinkels benötigt, diese lassen sich am schnellsten mit einer Oszillatorschaltung berechnen. Die Gleichung 63 erläutert die Funktion des Oszillators. Hervorzuheben ist, dass der Oszillator immer die Werte des letzten Ergebnisses verwendet und initialisiert werden muss. Der Oszillator kann nicht analytisch geschlossen berechnet werden, eine nummerische Lösung ist somit zwingend.

$$\begin{bmatrix} y_1(t) \\ y_2(t) \end{bmatrix} = \int_0^t \omega_r \cdot \begin{bmatrix} 0 & -1 \\ 1 & 0 \end{bmatrix} \cdot \begin{bmatrix} y_1(t-1) \\ y_2(t-1) \end{bmatrix} dt \quad \text{(63)}$$

Das Modell der Synchronmaschine ist nun komplett aufgestellt. Es gliedert sich in die in der Übersichtsgrafik 33 genannten Elemente, die Implementierung der einzelnen Elemente kann an den folgenden Grafiken nachvollzogen werden.

Die folgenden Abbildungen werden in der gleichen Reihenfolge wie in Abbildung 33 dargestellt. Beginnend mit der zweischrittigen Transformation in dq0 Koordinaten, nach Gleichungen 48 und 49, in Abbildung 34.

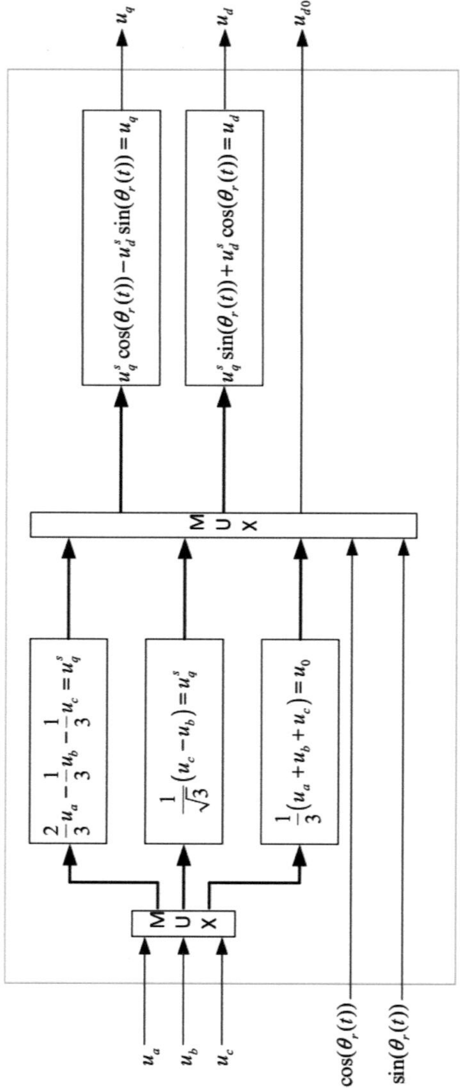


**Abbildung 34**: Realisierung der Clarke- und Parktransformation [eigene Darstellung]

Die nachstehende Abbildung 35 zeigt die Gleichungssysteme 50, 51 und 54 und somit die Bildung von Strömen und Flüssen.

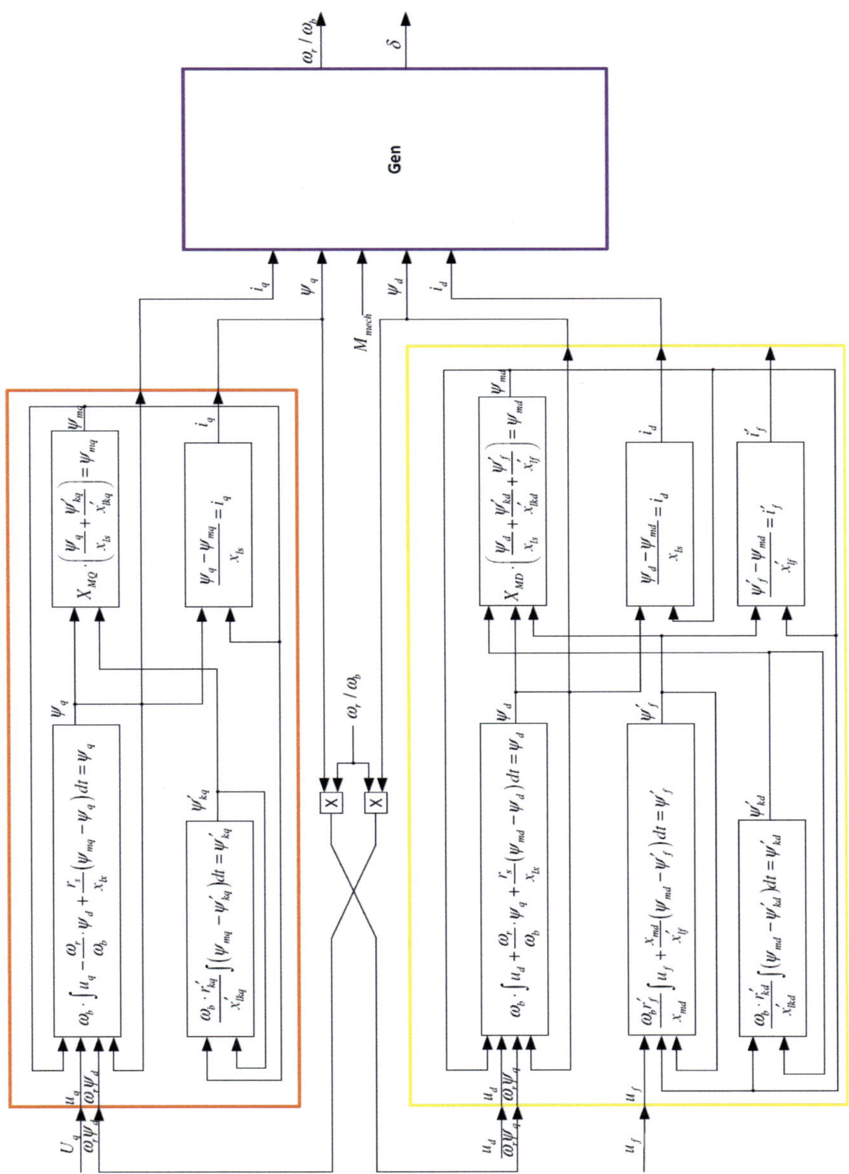

**Abbildung 35**: Bildung der Flüsse und Ströme im Modell [eigene Darstellung]

Die Abbildung 36, hergeleitet aus den Gleichungen 55 und 58, zeigt die Berechnung von Drehmoment und Drehwinkel.

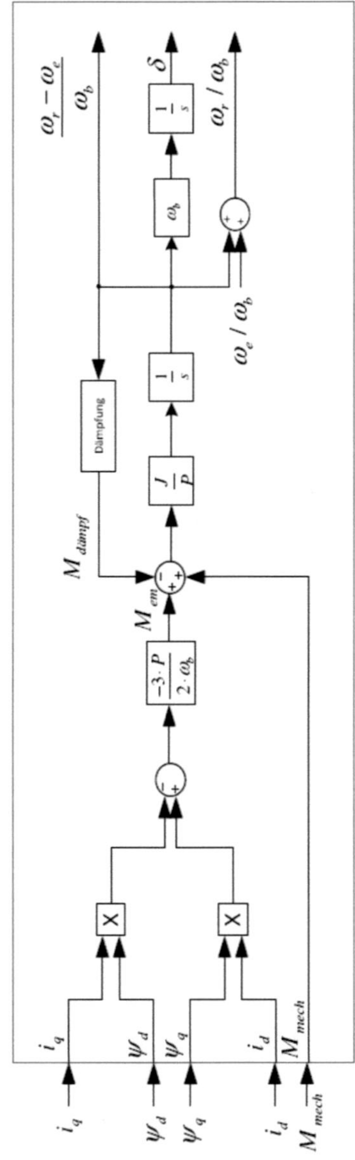


**Abbildung 36**: Drehmoment und Drehzahlbildung [eigene Darstellung]

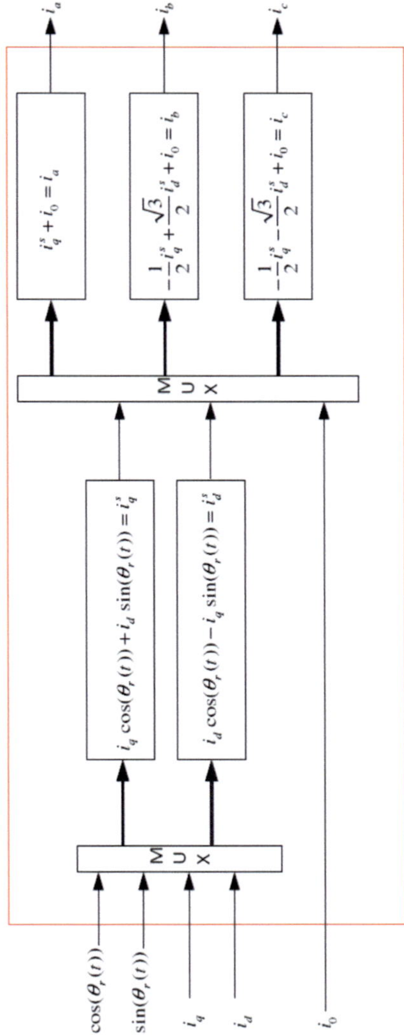


**Abbildung 37**: Rücktransformation in abc-Koordinaten [eigene Darstellung]

Die in dq0-rotorfesten Koordinaten berechneten Ströme werden in Abbildung 37, mit den Gleichungen 59 und 60, in abc-statorfeste Koordinaten zurück transformiert.

Es folgen die Abbildungen für die Messwertberechnung, siehe Abbildung 38 und vergleiche Gleichungen 61 und 62. Als letzte Modellkomponente folgt die Abbildung 39, die den Oszillator zeigt, der Gleichung 63 folgt.

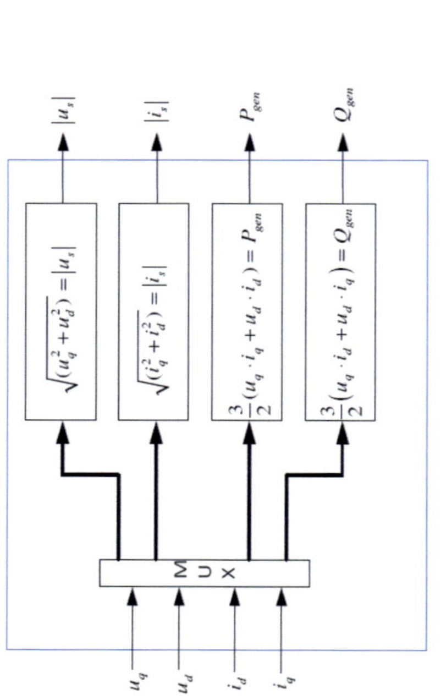

**Abbildung 38**: Berechnung der Messgrößen [eigene Darstellung]

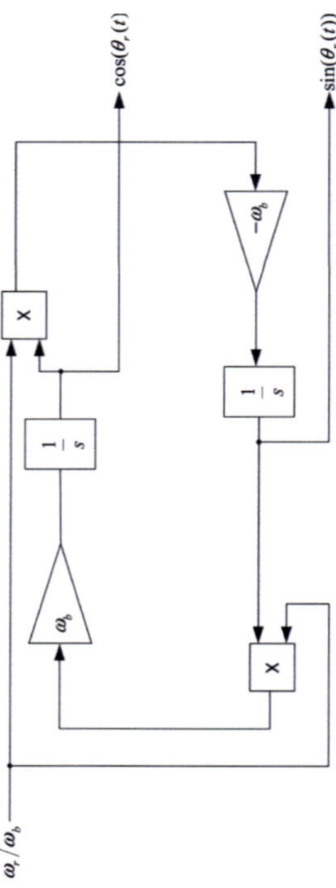

**Abbildung 39**: Oszillator [eigene Darstellung]

## 3.6 Die Anpassung des Modells

Das Modell muss angepasst werden, da es zusammen mit der „Powersystemtoolbox" eingesetzt werden soll. Die Signale der Synchronmaschine müssen in Signale der „Powersystemtoolbox" umgewandelt werden und Signale zur Maschine in normale Simulinksignale.

Die Signale zur Maschine sind die Eingangsgrößen, also die Erreger- und Außenleiterspannungen. Diese werden mit Voltmetern aus der „Powersystemtoolbox" umgewandelt. Das Drehmoment muss nicht umgewandelt werden.

Die Ströme, also die Ausgangsgrößen, werden mit Hilfe von Stromquellen mit parallelen Widerständen zurückgekoppelt, die Rückkopplungen sind für den Generatorbetrieb entscheidend, da sie das Netz bilden.

Die drei Ausgangsströme sind abhängige Größen und ergeben immer in der Summe null, deshalb werden genau zwei Ströme zurückgekoppelt. Der dritte Strom wird aus den anderen beiden Strömen berechnet.

Es ist auch möglich alle drei Ströme einzeln zurückzukoppeln, dies erhöht aber die Gefahr von numerischen Fehlern. Nummerische Fehlerquellen sollten von Beginn an vermieden werden [Birmelin].


### 3.6.1 Bestimmung der Maschinenparameter

In diesem Abschnitt wird gezeigt, wie aus den üblicherweise von Maschinenherstellern bereitgestellten Daten die Modellparameter ermittelt werden können. Die typischen Maschinenkonstanten sind in Tabelle 1 dargestellt.

Die im Modell verwendeten Parameter sind ebenfalls eingetragen, diese wurden von der Firma VEM zur Verfügung gestellt. Aus der Tabelle 1 können die Parameter für die Feld- und Dämpferwicklung bestimmt werden.

| Parametername | Abkürzung | Wert | Einheit |
|---|---|---|---|
| Frequenz | $f$ | 825 | [Hz] |
| Polzahl | $p$ | 6 | [1] |
| Strangspannung | $U_{rated}$ | 690 | [V] |
| cos φ | $\cos \varphi$ | 0,95 | [1] |
| Nennleistung | $P_{rated}$ | 2600000 | [W] |
| Massenträgheitsmoment | $J$ | 120 | [kg*m²] |
| Statorwiderstand | $r_s$ | 0,056 | [Ω] |
| Längsreaktanz in der d-Achse | $x_d$ | 2210 | [Ω] |
| Längsreaktanz in der q-Achse | $x_q$ | 1079 | [Ω] |
| Feldstreureaktanz | $x_{ls}$ | 144 | [Ω] |
| transiente Längsreaktanz | $x_d'$ | 435 | [Ω] |
| transiente Längsreaktanz | $x_q'$ | n.v | [Ω] |
| subtransiente Längsreaktanz | $x_d''$ | 324 | [Ω] |
| subtransiente Längsreaktanz | $x_q''$ | 400 | [Ω] |
| transiente  Leerlaufzeitkonstante | $T_{do}'$ | 21 | [s] |
| transiente Leerlaufzeitkonstante | $T_{qo}'$ | n.v | [s] |
| subtransiente Leerlaufzeitkonstante | $T_{do}''$ | 22 | [s] |
| subtransiente Leerlaufzeitkonstante | $T_{qo}''$ | 75 | [s] |

**Table 1**: Parameter der Synchronmaschine

Die subtransienten Querreaktanzen in d und q Richtung lassen sich mit den Formeln 64 und 65 berechnen.

$$x_{mq} = x_q - x_{ls} \text{ (64)} \qquad\qquad x_{md} = x_d - x_{ls} \text{ (65)}$$

Der Feldwiderstand und die Feldreaktanz werden mit den Formeln 66 und 67 bestimmt.

$$x'_{lf} = \frac{x_{md}(x'_d - x_{ls})}{x_{md} - (x'_d - x_{ls})} \text{ (66)} \qquad\qquad r'_f = \frac{1}{\omega_b T'_{do}}(x'_{lf} + x_{md}) \text{ (67)}$$

Die Streureaktanz und der Dämpferwiderderstand in der q-Achse werden durch die Formeln 68 und 69 berücksichtigt.

$$x'_{lkd} = \frac{(x''_d - x_{ls})x_{md}x'_{lkd}}{x'_{lf}x_{md} - (x''_d - x_{ls})(x_{md} + x'_{lf})} \text{ (68)} \qquad\qquad r'_{kd} = \frac{1}{\omega_b T''_{do}}(x'_{lkd} + x'_d - x_{ls}) \text{ (69)}$$

Die Streureaktanz und der Dämpferwiderderstand in der d-Achse ergeben sich aus den Formeln 70 und 71.

$$x'_{lkq} = \frac{(x''_q - x_{ls})x_{mq}}{x_{mq} - (x''_q - x_{ls})} \text{ (70)} \qquad\qquad r'_{kq} = \frac{1}{\omega_b T''_{qo}}(x'_{lkq} + x'_{mq}) \text{ (71)}$$

### 3.6.2 Normierung des Modells

In bestimmten Situationen ist es sinnvoller nicht mit absoluten Größen zu rechnen, zum Bespiel wenn verschiedene Simulationsergebnisse verschiedener Betriebsmittel verglichen werden sollen.

Um einheitenlos zu rechnen ist eine Normierung des Modells nötig. Eine mögliche Vorgehensweise ist dabei die Normierung der Widerstände und Reaktanzen auf einen Parameter. Ein möglicher Bezugsparameter für die Normierung ist die Nennspannung durch den Nennstrom, siehe Formel 72.

$$Z_{base} = \frac{U_{base}}{I_{base}} \quad (72)$$

Die Spannung und der Strom zur Normierung lassen sich mit den Formeln 73 und 74 berechnen.

$$U_{base} = \frac{\sqrt{2} \cdot U_{1n}}{\sqrt{3}} \quad (73) \qquad\qquad I_{base} = \frac{2 \cdot S}{3 \cdot U_{base}} \quad (74)$$

Im nächsten Schritt werden alle Widerstände und Reaktanzen durch Formel 72 geteilt. Ein Beispiel für dieses Vorgehen zeigt Formel 75.

$$x_{md-norm} = \frac{x_{md}}{Z_{base}} \quad (75)$$

Die normierte Inhertia der Maschine wird mit Formel 76 berechnet, dabei wird die Maschine auf ein Basisdrehmoment normiert, siehe Formel 77, hierbei bedeutet (P) Polpaarzahl und (S) Scheinleistung.

$$H = \frac{1}{2} J * \left(\frac{w_b}{P}\right)^2 * \frac{1}{S} \quad (76) \qquad\qquad T_{base} = \frac{S}{w_b} * P \quad (77)$$

Die mechanische Winkelgeschwindigkeit des Modells kann mit der Konstante $w_b$ auf die Netzfrequenz normiert werden. Dazu wird Formel 78 benutzt, wobei $w_b$ in Formel 79 aus der Netzfrequenz berechnet werden kann.

$$\omega_{norm} = \frac{\omega_r}{\omega_b} \ (78) \qquad\qquad \omega_b = 2 \cdot \pi \cdot f \ (79)$$

### 3.6.3 Die Abstimmung des Modells auf verschiedene Simulationsfälle

Mit dem Modell sollen verschiedene Modellvarianten untersucht werden, für die es sinnvoll ist das Modell auf die entsprechenden Anforderungen anzupassen.

Es werden drei verschiedene Grundsituationen untersucht:

1. Die Synchronmaschine wird am starren Netz von einer externen Drehmomentquelle, zum Beispiel einer Turbine, angetrieben. Das Modell wird mit konstanter Frequenz betrieben.
2. Die Synchronmaschine wird an einer Last ohne Netzkopplung betrieben, die Maschine befindet sich also im Inselbetrieb.
    a. Die Synchronmaschine wird mit einer ohmsch-induktiven Last belastet und von einer externen Drehmomentquelle angetrieben. Das Modell wird frequenz-variabel betrieben.
    b. Die Synchronmaschine wird an einen Gleichrichter angeschlossen, der mit einer ohmschen Last belastet wird.
3. Die Synchronmaschine wird in einem Windkraftanlagenmodell eingesetzt und vom Rotor der Windkraftanlage angetrieben. Das Modell wird frequenzvariabel betrieben.

Die drei Varianten stellen verschiedene Anforderungen an das Modell.

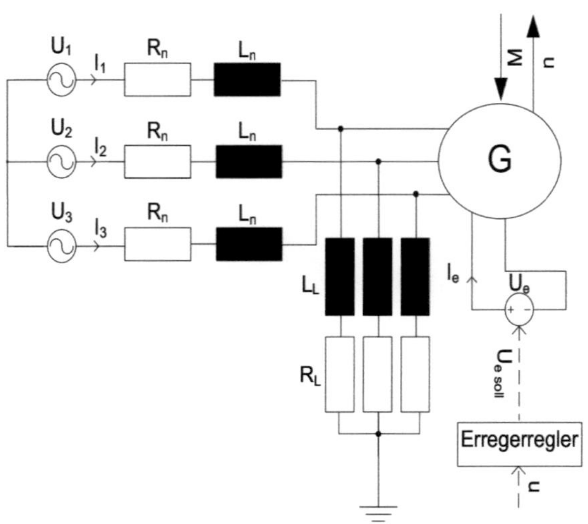


**Abbildung 40**: Synchronmaschine am Netz [eigene Darstellung]

Bei Variante eins ist es sinnvoll die Drehzahl des Modells auf die Netzfrequenz zu normieren, dies erleichtert die Erregerregelung. Die Regelung wird so parametriert, dass die Leerlaufdrehzahl das Regelziel ist. Die Regelung wird mit einem Pi-Regler realisiert. Diese Variante wird in Abbildung 40 dargestellt.

Bei der Variante 2a ist ein frequenzvariables Modell erforderlich, da die Netzfrequenz von der Maschine vorgegeben wird. Hierbei bietet es sich an die Drehzahl auf die aktuelle Netzfrequenz zu normieren, siehe Abbildung 41.

Bei dieser Vorgehensweise muss sichergestellt werden, dass die Frequenz richtig erfasst wird und saubere Nulldurchgänge im Statorstrom vorliegen. Fehlerfassungen führen zu unsinnigen Frequenzsprüngen, die abgefangen werden müssen. Falls dies nicht erfüllt ist, kann es zu nummerischen Instabilitäten kommen.

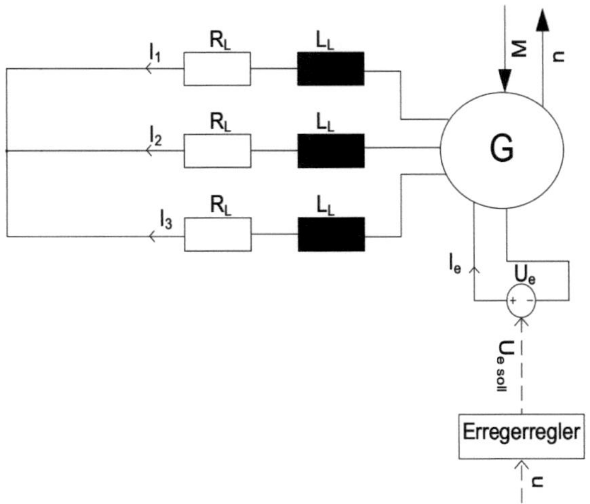


**Abbildung 41**: Synchronmaschine mit ohmsch-induktiver Last [eigene Darstellung]

Bei Variante 2b wird die Maschine an einen Gleichrichter angeschlossen, der mit einer ohmschen Last belastet wird. Die Variante ist in Abbildung 42 dargestellt. Bei dieser Variante soll der Einfluss des Gleichrichters auf die Maschine untersucht werden, insbesondere die Stromverzerrung soll betrachtet werden.

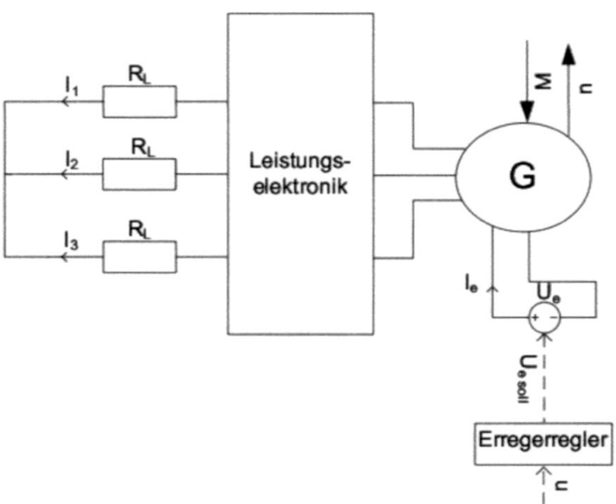


**Abbildung 42**: Synchronmaschine an Gleichrichter [eigene Darstellung]

Bei der dritten Variante, siehe Abbildung 43, ist ein frequenzvariables Modell zwingend, hierbei kommt es zusätzlich auf die richtige und unnormierte Drehzahlausgabe an, deshalb muss hierbei jegliche Normierung entfernt werden. Der Sollwert der Erregerregelung muss bei variabler Windgeschwindigkeit angepasst werden, der Sollwert wird von der Betriebsführung der Windkraftanlage vorgegeben, andernfalls passt die Erregerspannung nicht zur aktuellen Drehzahl.

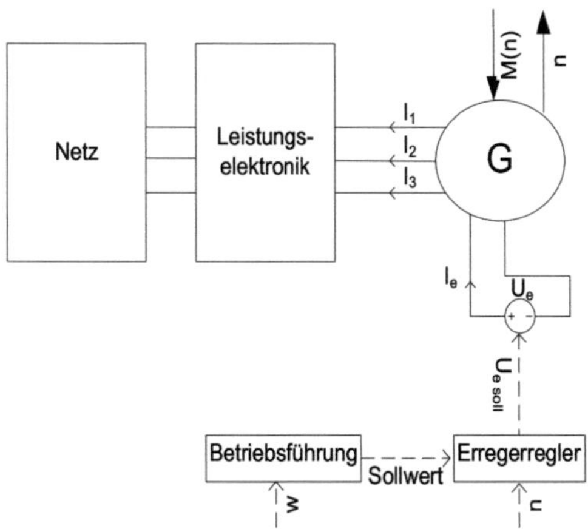


**Abbildung 43**: Synchronmaschine in Verbindung mit einer Windkraftanlage [e. D.]

## 3.7 Die Simulationsergebnisse

In diesem Abschnitt werden die Simulationsergebnisse der Synchronmaschine am Netz und an einer Last vorstellt. Die Abbildungen wurden mit Matlab Simulink und OriginPro erstellt. Die Simulationsergebnisse vom Betriebsfall drei, also der Maschine zusammen mit der Windkraftanlage, folgen in Abschnitt [4.7].
Beim Start der Simulation kommt es teilweise zu Schwingungen, diese können durch die berechneten Anfangswerte verursacht werden

Fall 1:
Versuchsbeschreibung: Die Versuchsanordnung eins wird mit einem Drehmomentsprung angeregt. Die Sprunghöhe beträgt 3000 Nm, dies bedeutet die Maschine wird angetrieben und als Generator betrieben. Die Steigung des Sprungs wird mit einem Verzögerungsglied erster Ordnung begrenzt, dies nähert das Sprungereignis der Realität an und gibt der Maschine mehr Zeit auf das Ereignis zu reagieren. Die Synchronmaschine ist auf die Netzfrequenz normiert und im Stern an das Netz angeschlossen. Das Netz, an das die Synchronmaschine an-geschlossen wird, ist durch Tabelle 2 gegeben.

| Parametername | Formelzeichen | Wert | Einheit |
|---|---|---|---|
| Netzinnenwiderstand | $R_n$ | 0,001 | $\Omega$ |
| Netzinduktanz | $L_n$ | 0,00158 | H |
| Lastwiderstand | $R_L$ | 1 | $\Omega$ |
| Lastimpedanz | $R_L$ | 0 | $\Omega$ |
| Netzfrequenz | $f_n$ | 825 | Hz |

**Table 2**: Netzparameter im Fall 1

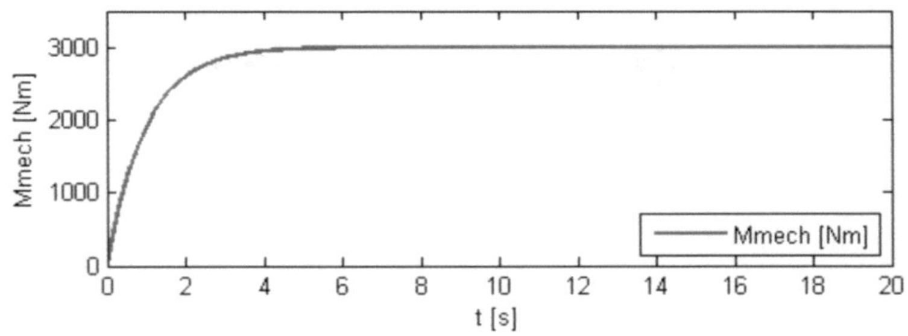

**Abbildung 44**: Mechanisches Moment [e. D.]

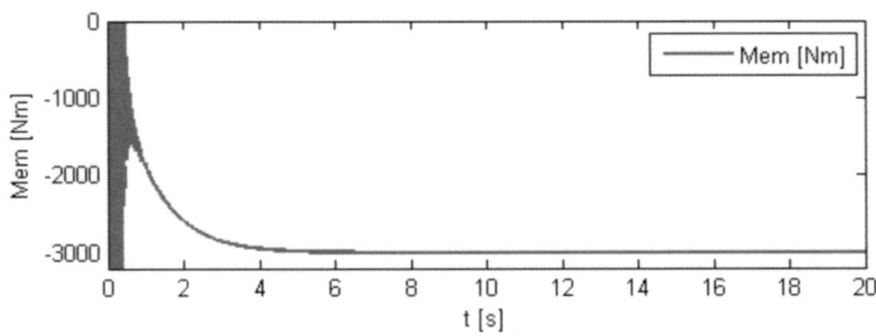

**Abbildung 45**: Elektrisches Gegenmoment [e. D.]

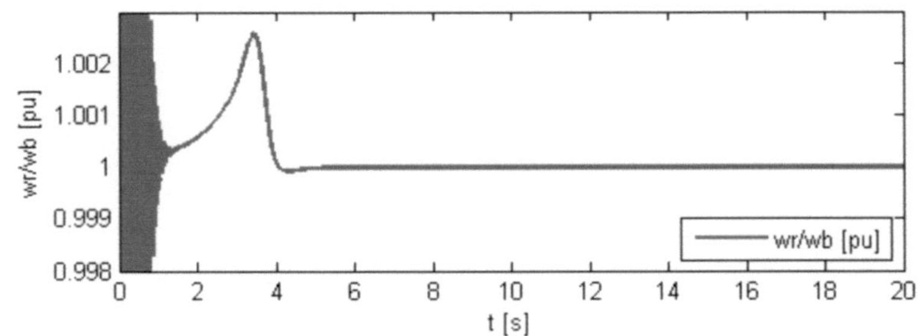

**Abbildung 46**: Normierte Drehzahl [e. D.]

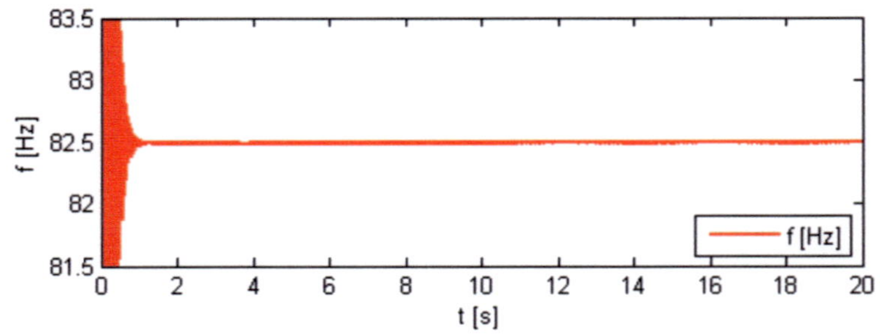

**Abbildung 47**: Frequenz des Statorstroms $I_a$ [e. D.]

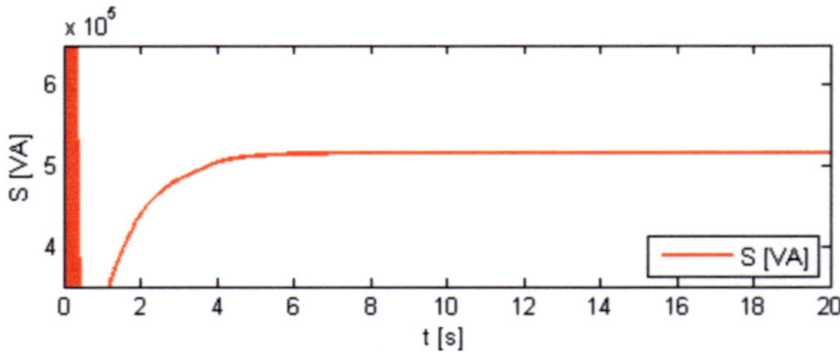

**Abbildung 48**. Augenblicksleistung [e. D.]

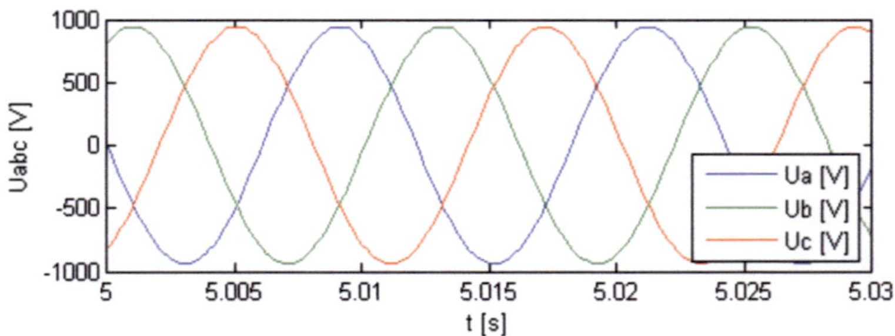

**Abbildung 49**: Strangspannungen [e. D.]

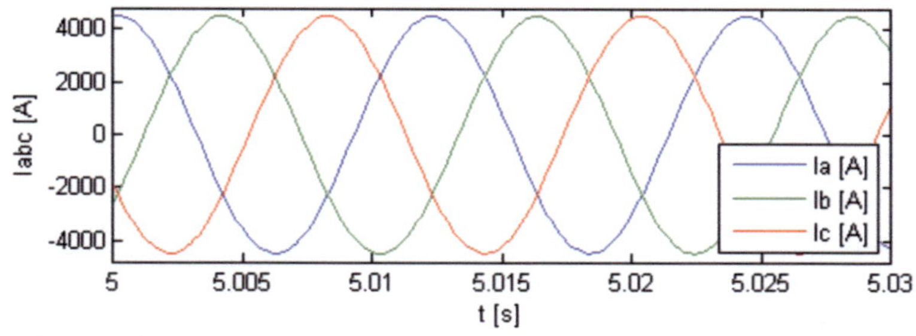

**Abbildung 50**: Statorströme [e. D.]

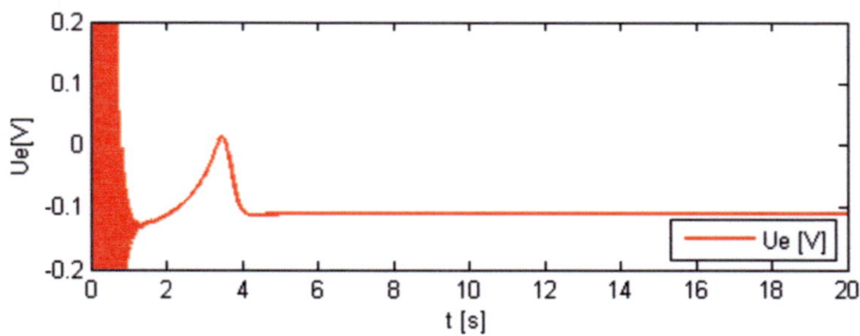

**Abbildung 51**: Erregerspannung [e. D.]

Die Simulationsergebnisse zeigen das zu erwartende Verhalten einer Synchronmaschine auf einen Drehmomentsprung (Abbildung 44), die Maschine folgt dem Sprung verzögert. Die Synchronmaschine erzeugt genau das elektrische Gegendrehmoment (Abbildung 45), das den Sprung des mechanischen Momentes vollständig kompensiert. In der normierten Drehzahl ist der Sprung in einer Drehzahlerhöhung zu erkennen, die aber von der Erregerregelung durch eine Erhöhung der Erregerspannung kompensiert wird, siehe Abbildung 51. Die Drehzahl wird durch den Drehzahlregler zu Schwingungen angeregt, es ist ein leichtes Über- und Unterschwingen zu erkennen, siehe Abbildung 46.

Die Erregerspannung ist in diesem Fall sehr niedrig, da ein Teil des benötigten Drehmoments als Reluktanzmoment auftritt, was nicht von der Erregerspannung abhängt. Der Regeleingriff der Erregerregelung ist in der Abbildung 51 zu erkennen. Die Regelung ist bestrebt, die Drehzahl mit einem Gegenmoment unter den Sollwert zu bringen, die Regelung reagiert erst bei Drehzahlen über dem Sollwert mit einer Spannungserhöhung, die ein Gegenmoment verursacht. Die Frequenz der Maschinenausgangsströme bleibt konstant (Abbildung 47), dies bedeutet die Maschine bleibt mit dem Netz synchron. Die Frequenz würde durch einen größeren Sprung kurzzeitig mehr beeinflusst werden, die Frequenzabweichung wird von der Maschine wieder ausgeglichen, sofern der Sprung nicht zu groß für die Maschine war und sie asynchron wird.

Die Augenblicksscheinleistung, in Abbildung 48, passt zur Sprunghöhe und zur resultierenden Drehzahl bzw. Frequenz. Die Oszillationen zu Beginn der Simulation sind auf die Initialisierung der Gleichungen zurückzuführen. Die Abbildungen 49 und 50 belegen eine ausreichend kleine Simulationsschrittweite, der Sinus ist nicht durch eine unzureichend große Schrittweite verzerrt. Die Gültigkeit der Frequenzbestimmung in Abbildung 47 kann anhand von Abbildung 50 nach geprüft werden. Die Maschine bildet ein unverzerrtes dreiphasiges Drehstromsystem aus.


Fall 2a:

Versuchsbeschreibung: Die Versuchsanordnung zwei wird mit einem Drehmomentsprung angeregt. Die Sprunghöhe beträgt 300 Nm. Dies bedeutet, dass die Maschine als Generator betrieben als. Der Sprung wird wieder mit einem Verzögerungsglied abgemildert.

Die Synchronmaschine wird je Strang mit einem Lastwiderstand ($R_L$) von einem Ohm belastet. Die Widerstände sind im Stern verschaltet und der Sternpunkt ist geerdet. Die Maschine ist ebenfalls im Stern verschaltet und auf die Ausgangsfrequenz des Stroms normiert. Die Normierung erleichtert die Einstellung der Regelung der Erregung und kommt der Anforderung der Drehzahlvariabilität entgegen. Die Frequenzmessung wird mit einer flankensensitiven Nulldurchgangserkennung und einer Zeitmessung realisiert.

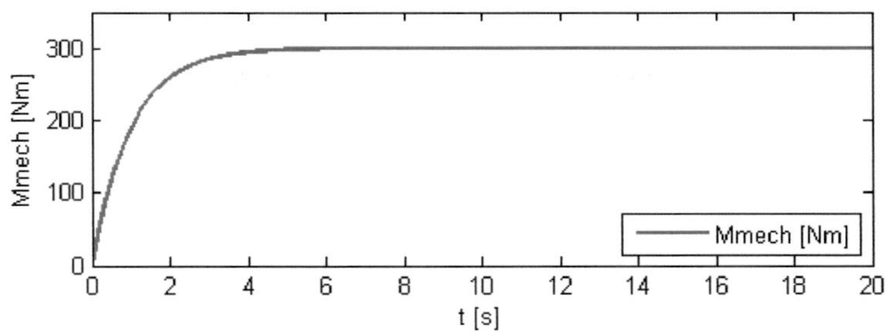

**Abbildung 52**: Mechanisches Moment [e. D.]

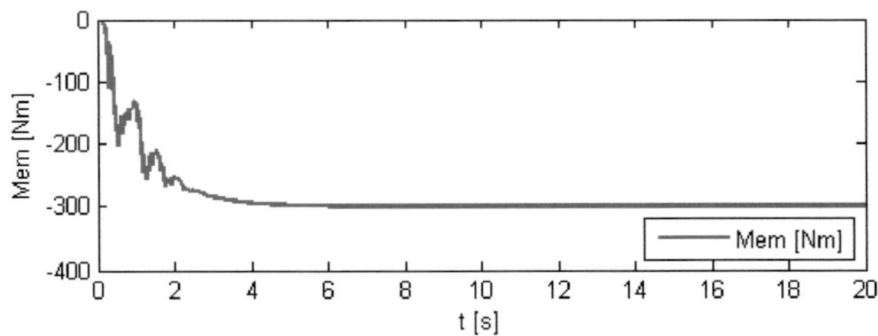

**Abbildung 53**: Elektrisches Gegenmoment [e. D.]

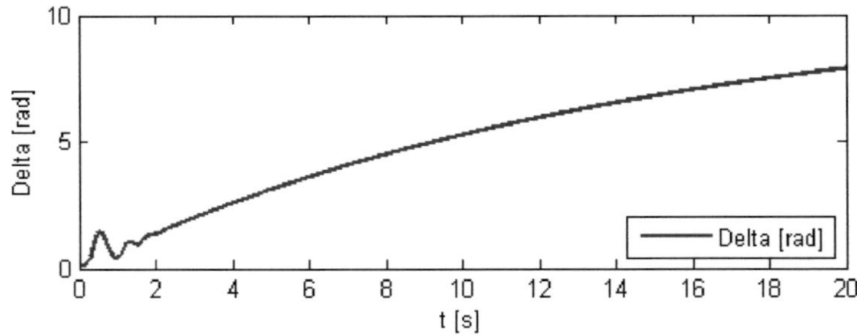

**Abbildung 54**. Elektrischer Drehfeldwinkel [e. D.]

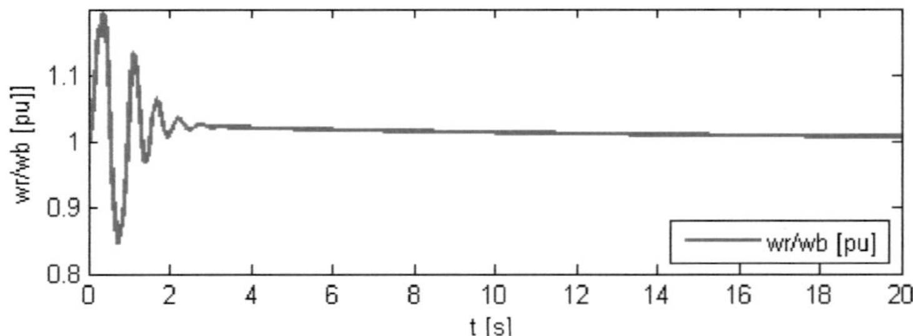

**Abbildung 55**: Normierte Drehzahl [e. D.]

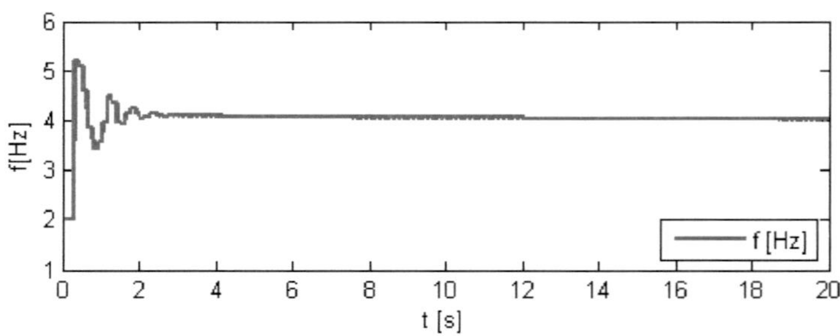

**Abbildung 56**: Frequenz des Statorstroms $I_a$ [e. D.]

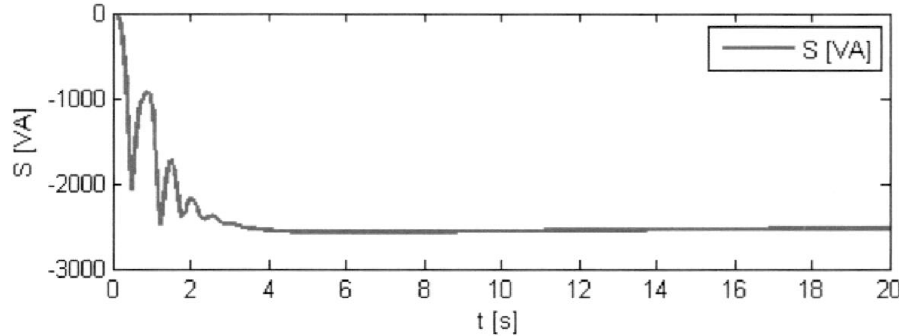

**Abbildung 57**: Augenblicksleistung [e. D.]

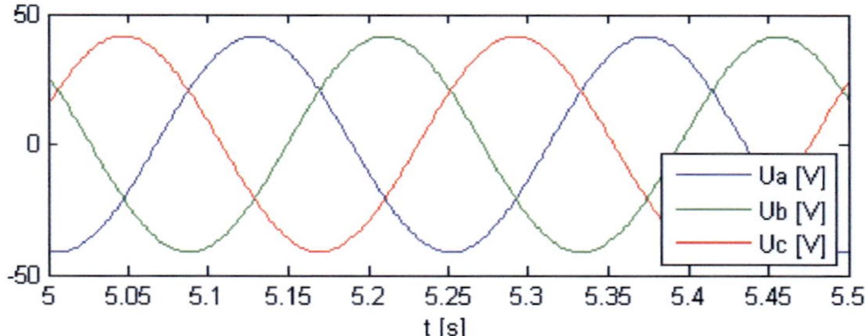

**Abbildung 58**: Strangspannungen [e. D.]

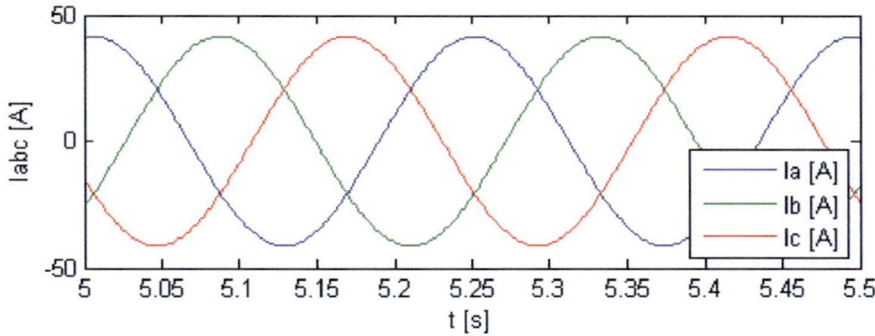

**Abbildung 59**: Statorströme [e. D.]

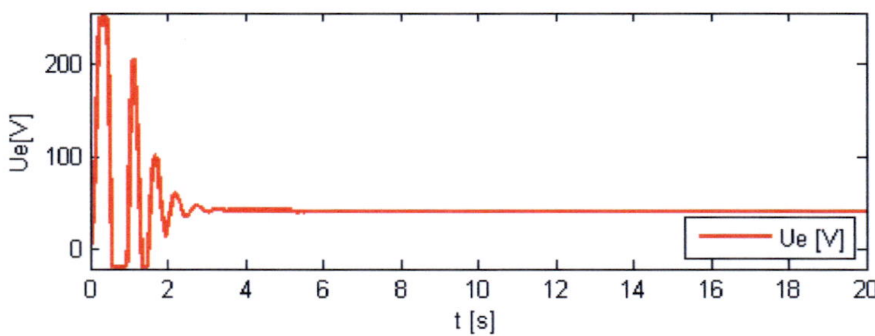

**Abbildung 60**: Erregerspannung [e. D.]

Die Abbildung 52 zeigt den Drehmomentsprung von Null auf dreihundert Newtonmeter. Der Sprung wird von einen PT1- Glied verlangsamt, um der Maschine  mehr Zeit zum Reagieren zu geben. Die Abbildung 53 zeigt das elektrische Gegenmoment, das den Drehmomentsprung ausgleicht. Das Gegenmoment oszilliert zu Beginn mit der gleichen Frequenz wie die Erregerregelung. Ohne Erregung wird in diesem Fall kein Gegenmoment erzeugt, da kein äußeres Drehfeld vorhanden ist.

Die Abbildung 54 zeigt den Verlauf des elektrischen Drehwinkels, der mit abnehmender Steigung ansteigt bis die Drehzahlabweichung ausgeregelt ist. Der Drehwinkel ist größer als Null, weil sich die Maschine im Generatorbetrieb befindet. In Abbildung 55 ist die, auf die aktuelle Frequenz (Abbildung 56) normierte, Drehzahl zu abgebildet, die langsam von der Erregerspannungsregelung (Abbildung 60) zurück auf ihren Sollwert geregelt wird. Die Sollwertfolge wird so lange vom I-Anteil des Reglers gewährleistet bis die Stellgrößenbegrenzung erreicht wird. Der Graph in Abbildung  stellt den Frequenzverlauf des Ausgangsstrom $I_a$ dar, zu beachten ist, dass die Frequenzmessung erst bei 0.3s beginnt, davor ist das Ausgangssignal auf einen Sollwert gesetzt. Dies dient dazu, die Messung zu initialisieren und Fehlmessungen zu Beginn der Simulation zu verhindern. Aus der Drehzahl und dem Drehmomentsprung ergibt sich mit Formel 80 die Augenblicksscheinleistung, siehe Abbildung 57. Die Scheinleistung schwingt mit der gleichen Frequenz wie das Drehmoment.

$$M_{mech} \cdot \frac{w_r}{w_b} \cdot \frac{2\pi}{p} \cdot f \approx S \quad (80)$$

Die Abbildungen 58 und  59  zeigen einen Ausschnitt der Strangspannung und des Statorstroms. Die Höhe von Spannung und Strom hängen von der Beschaltung der Maschine ab.

Der Fall 2b unterscheidet sich von Fall 2a durch die Beschaltung. Die Maschine wird an einen dreiphasigen Brückengleichrichter angeschlossen, der mit einem ohmschen Widerstand belastet wird. Der Widerstand ist ein Ohm groß. Die Sprunghöhe und alle anderen Parameter sind gleich.

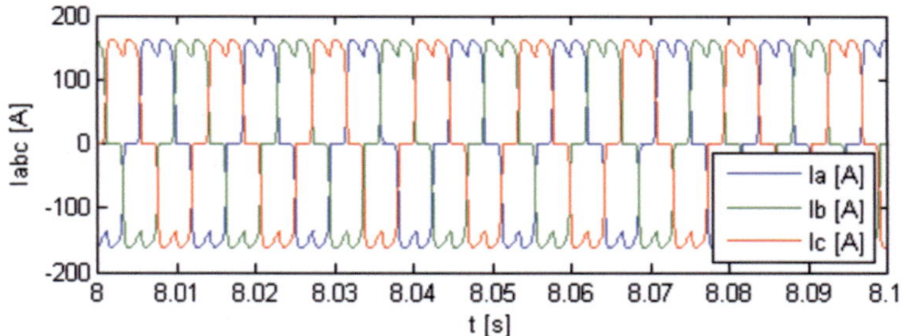

**Abbildung 61**: Statorströme der B6-Schaltung [e. D.]

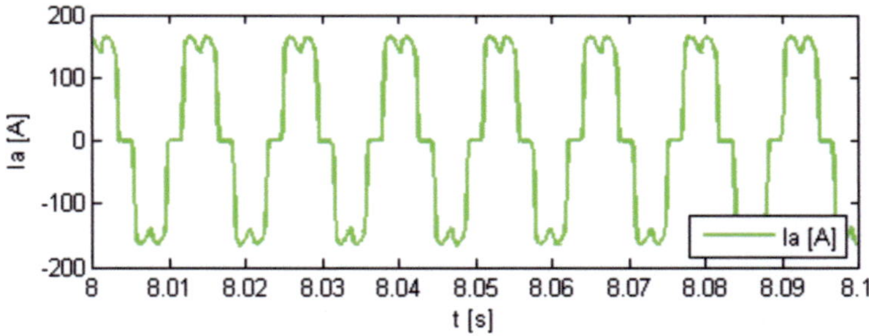

**Abbildung 62**: Statorstrom $I_a$ [e. D.]

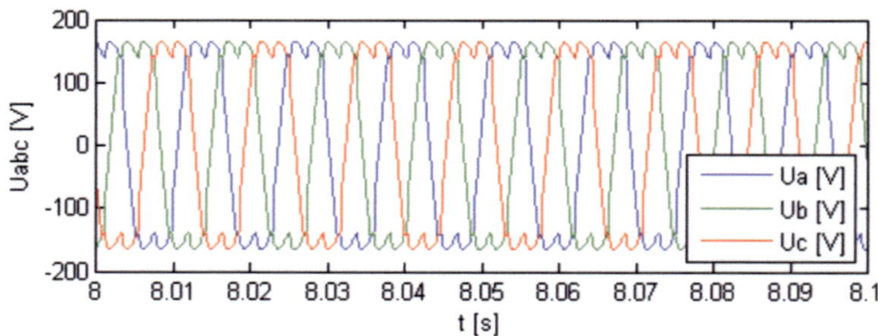

**Abbildung 63**: Strangspannungen [e. D.]

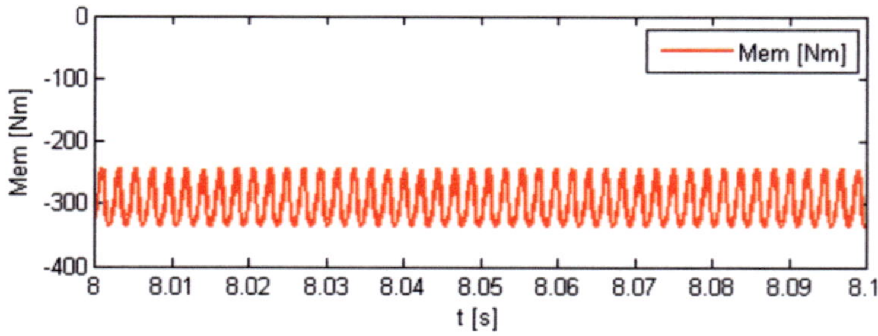

**Abbildung 64**: Elektrisches Gegenmoment [e. D.]

Durch die Simulation werden die Folgen der Anbindung der Last über einen Gleichrichter deutlich. Die in Abbildung 61 dargestellten Statorströme sind durch den Gleichrichter stark verzerrt. In Abbildung 62 ist ein Statorstrom einzeln dargestellt, hier ist der Doppelhöcker, der durch die B6 Schaltung verursacht wird, deutlich zu erkennen. Der Strom ist so stark verzerrt, dass ein Sinus nicht mehr zu erkennen ist. Im Sinus finden sich charakteristische Oberschwingungen einer B6 Schaltung also, die 5., 7., 11. und 13. Harmonische wieder [Großmann]. Die Strangspannung in Abbildung 63 ist ebenfalls stark verzerrt.

Eine Fourieranalyse bestätigt diese Aussage, siehe Abbildung 65, die genauen Frequenzen mit ihren Amplituden sind Tabelle 3 zu entnehmen.

Das elektrische Drehmoment in Abbildung 64 wird durch die Oberschwingungen ebenso verzerrt. Wenn das Drehmoment nach Harmonischen untersucht wird, zeigt sich, dass das

Sechsfache der Grundfrequenz im Drehmoment zu finden ist, dies ist typisch für eine sechspulsige Schaltungen, siehe Abbildung 66 [Sourkounis2]. Die Grundschwingung des Drehmoments ist nicht dargestellt.

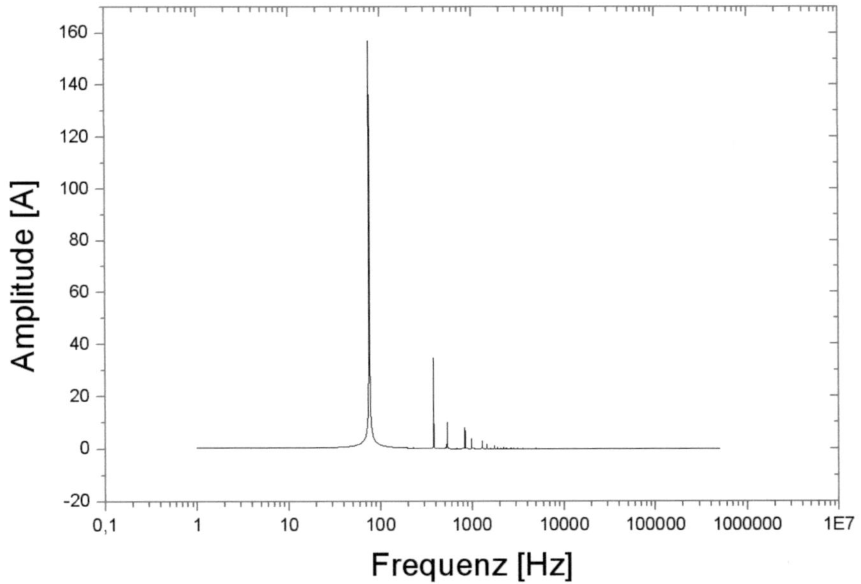

**Abbildung 65**: FFT des Stroms $I_a$ [e. D.]

| Frequenz [Hz] | Amplitude [A] |
| --- | --- |
| 76 | 157 |
| 381 | 34 |
| 533 | 10 |
| 838 | 7 |
| 991 | 3 |

**Table 3**: Harmonische des Statorstroms

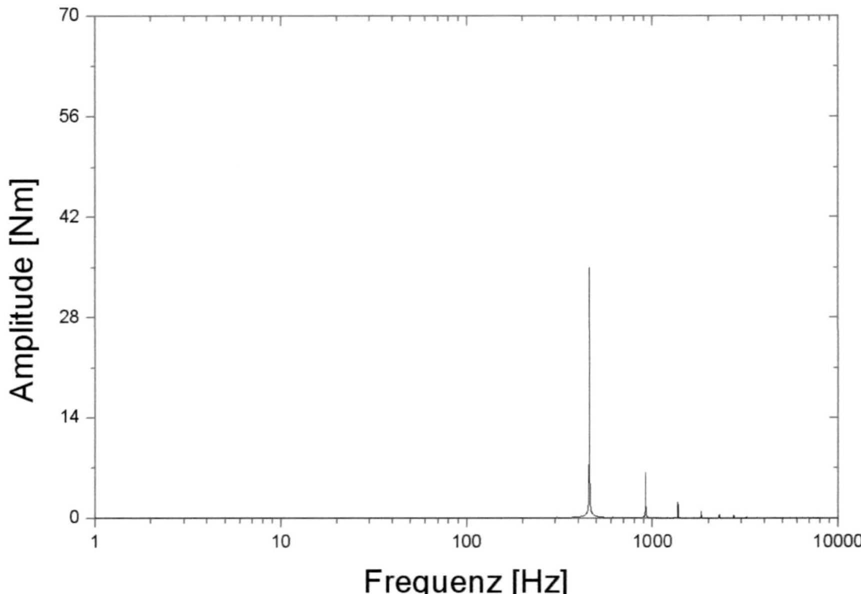

**Abbildung 66**: Frequenzzerlegung des Drehmoments [e. D.]

# 4. Die Windkraftanlage

Im letzten Kapital wurde das Modell der Synchronmaschine ausführlich beschrieben, welches in ein Windkraftkonvertermodel eingebunden werden soll. Das Konvertermodel soll Abbildung 77 genügen.

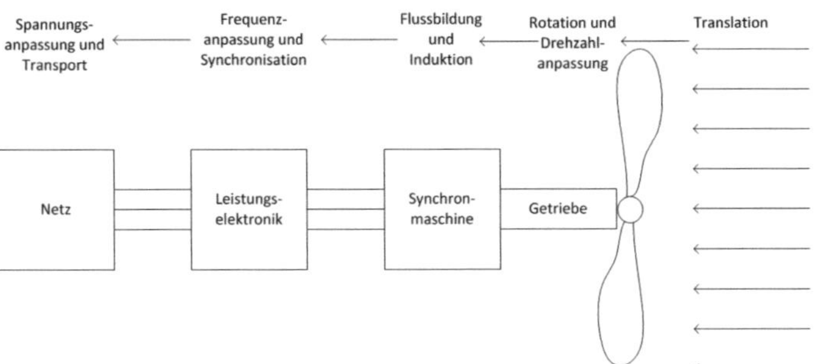


**Abbildung 67**: Energiekonversion an Windkraftanlagen [eigene Darstellung]

Das Anlagenmodell soll aus den Elementen Windmodell, Rotormodell, Getriebemodell, Maschinenmodell, Leistungselektronik und Netzmodell bestehen, da hier der Einfluss der Leistungselektronik auf die mechanischen Komponenten untersucht werden soll, kann auf das Netzmodell und das Modell des netzseitigen Wechselrichters verzichtet werden.

Das Modell wird ab dem Zwischenkreis aufgebaut, der in erster Näherung als ideal angenommen wird und durch eine Gleichspannungsquelle repräsentiert wird.

Nach dem Zwischenkreis werden verschiedene Schaltungstopologien eingesetzt, wie der Vierquadrantsteller und der Diodenbrückengleichrichter. Die eingesetzten Topologien werden detailliert im späteren Verlauf des Kapitels erläutert.

Des Weiteren wird die Regelung der Windkraftanlage beschrieben, die sich aus den Reglern für den Stromrichter, der Erregung, der Drehzahl und der allgemeinen Betriebsführung zusammensetzt.

In diesem Kapitel wird besonders auf die Verhältnisse von Auftriebsläufern in vertikaler Bauart eingegangen. Entscheidend für das Verhalten der Windkraftanlage sind die Energieflüsse und deren Entstehung, dies wird im nächsten Abschnitt diskutiert.

## 4.1 Die Energieflüsse der Windkraftanlage und deren Entstehung

Eine Windkraftanlage wird am besten mit dem Wort Energiekonverter beschrieben, da sie keine Energie erzeugt, sondern sie von einer Energieform in eine andere Energieform umwandelt. Energie kann im eigentlichen Sinne nicht erzeugt werden, es erfolgt immer eine Energieumformung [Sourkounis1].

In einem Windenergiekonverter wird die kinetische Energie des Windes in elektrische Energie umgewandelt, vergleiche Abbildung 68.

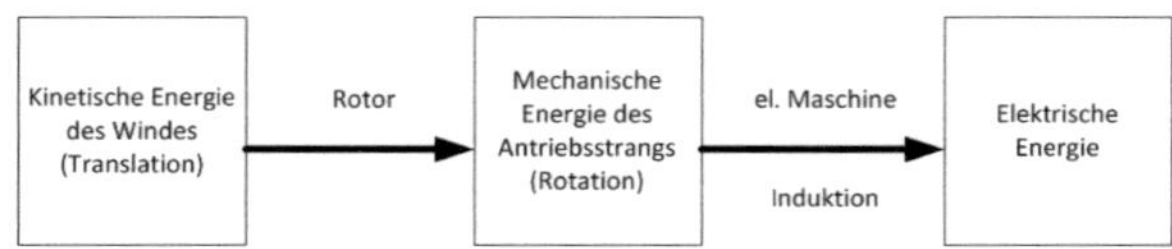


**Abbildung 68**: Energieumformungsschritte bei WEKs [eigene Darstellung]

Wind entsteht durch die unterschiedliche Erwärmung der Erde, durch die sich Druckunterschiede in der Atmosphäre bilden. Die Erde funktioniert wie eine Wärmekraftmaschine, in der Luftmassen durch Druckunterschiede transportiert werden. Es findet eine Energieumwandlung von thermischer Energie in kinetische Energie statt. Die thermische Energie wird durch die Sonne in das Energiesystem Erde eingebracht. Es kann zwischen regionalen Ausgleichswinden und globalen Windzirkulationen unterschieden werden.

Globalen Zirkulationen entstehen durch die verminderte Sonneneinstrahlung an den Polen und dem daraus resultierenden Energieüberschuss am Äquator. Aus dieser Tatsache resultieren die höheren Temperaturen am Äquator, die durch die Expansion von Luft zur vermehrten Bildung von Hochdruckgebieten führt. An den Polen ist es durch die verminderte Einstrahlung kälter, was die Luft verdichtet und somit die Entstehung von Tiefdruckgebieten begünstigt. Dieses globale Druckdifferenz führt zur Bewegung der Luftmassen in Richtung des niedrigeren Drucks.

Die Windrichtung wird maßgeblich durch die Corioliskraft beeinflusst, die den Wind auf die Isobaren lenkt, siehe Abbildung 69. Die Corioliskraft entsteht durch die Erdrotation [Kraus].

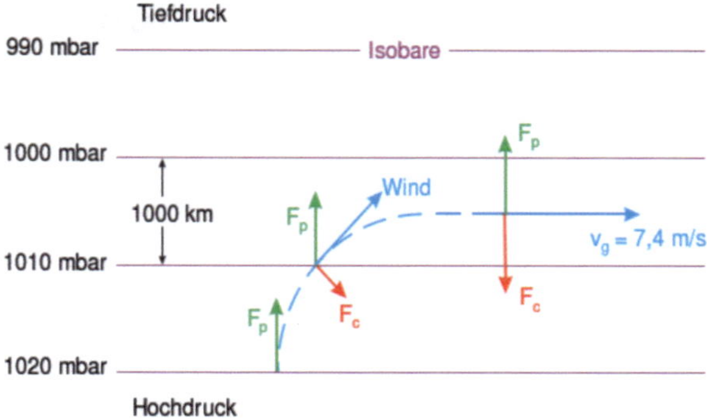


**Abbildung 69**: Einfluss der Courioliskraft auf den Wind [Sourkounis1, S. 23]

Die globalen Zirkulationen werden Rossby und Hadley Zirkulation genannt, siehe Abbildung [70].

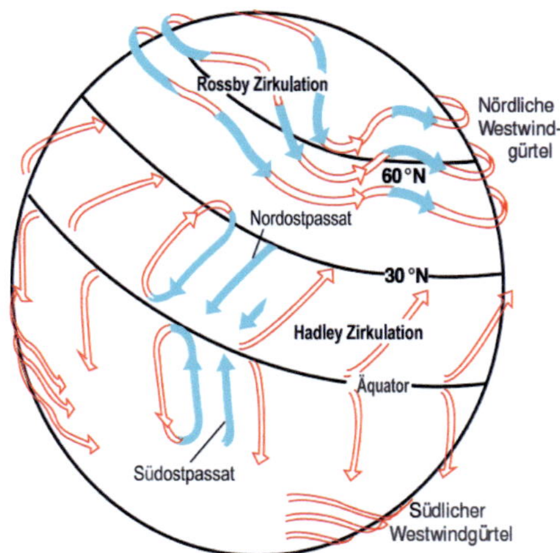


**Abbildung 70**: Globale Zirkulationen [Sourkounis1, S. 25]

Sie  werden von lokalen Windströmungen überlagert, die sich aus geographischen Anordnungen ergeben, wie zum Beispiel die Brise an Küsten. An Küsten erwärmen sich Wasser und Land durch unterschiedliche Wärmekapazitäten und Reflexionskoeffizienten unterschiedlich schnell, was zu Temperatur- und Druckdifferenzen führt. Diese mikroklimatologischen Zirkulationen werden durch die Abbildung [71] illustriert.

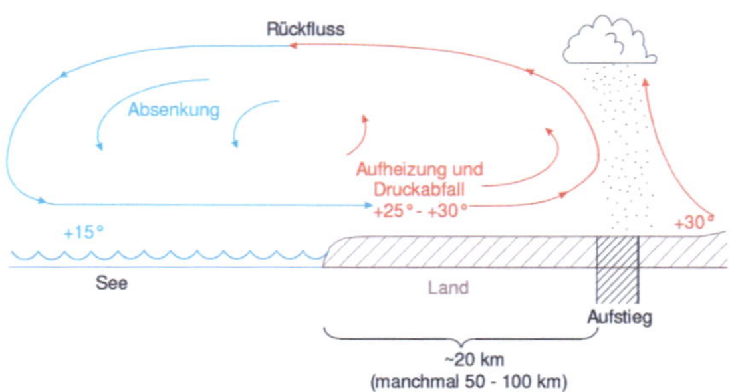


**Abbildung 71**: See-Land-Winde  [Sourkounis1, S. 26]

Nachts kann sich die Windrichtung umkehren, da das Wasser langsamer abkühlt als das Land [Foken].

## 4.2 Die Aerodynamik des Rotors

Der Rotor der Windkraftanlage konvertiert einen Teil der anströmenden Windenergie in mechanische Energie, in dem der Wind verlangsamt wird. Der anströmende Wind enthält die sich aus Formel 81 ergebende Energie.

$$E_L = \frac{1}{2} m_L w^2 \; (81)$$

Daraus resultiert die Leistung der durch die Rotorfläche strömenden Luft, siehe Formel 82.

$$P_L = \frac{1}{2} \dot{m}_L w^2 = \frac{1}{2} \rho_L A_R w^3 \; (82)$$

Die Vorgänge an einem Windkraftanlagenrotor können mit Hilfe von Abbildung 72 nachvollzogen werden.

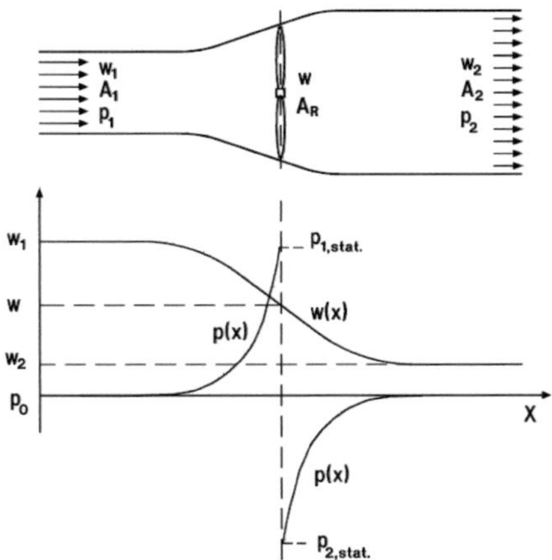


**Abbildung 72**: Druck- und Windgeschwindigkeitsänderung am Rotor  [Sourkounis1, S. 169]

Der Luftstrom strömt weit vor dem Rotor ungestört und mit voller Geschwindigkeit und kleinem Querschnitt auf die Anlage zu. Bei Annäherung an den Rotor bildet sich, bei abnehmender Geschwindigkeit, ein wachsender statischer Druck, der kurz vor dem Rotor seinen Höchstwert erreicht.

Der Energiekonverter entzieht dem Wind beim Durchströmen Energie, dadurch fällt der statische Druck hinter dem Rotor unter den Atmosphärendruck. Bei weiter sinkender Windgeschwindigkeit und sich vergrößerndem Querschnitt erreicht der Wind weit hinter der Anlage wieder den normalen Atmosphärendruck. Der Wind hat zusammen mit Erreichen des Normaldrucks seine neue niedrigere Endgeschwindigkeit erreicht.

Die Luftmassen müssen hinter dem Rotor wieder abgeführt werden, dies begrenzt nach Betz die maximal mögliche Leistung [Hau]. Die maximal theoretisch erreichbare Nutzleistung ergibt sich aus Formel [83].

$$P_{w,th} = \frac{1}{4} \rho_L A_R (w_1^2 - w_2^2)$$

(83)

Aus der Windleistung und der Nutzleistung kann der Leistungsbeiwert $c_p$ berechnet werden, siehe Formel 84.

$$c_{p,th} = \frac{P_{w,th}}{P_L} = \frac{1}{2}\left(1 + \frac{w_2}{w_1}\right)\left[1 - \left(\frac{w_2}{w_1}\right)^2\right]$$

(84)

Der maximal mögliche Leistungsbeiwert ist 16/27, er ist aber stets kleiner da noch Drall- und Reibungsverluste an den Flügeln entstehen.

Die am Flügel wirkenden, vom Wind verursachten Kräfte, können in die Auftriebskraft und die Widerstandskraft zerlegt werden, die Anteile der jeweiligen Kraft an der Gesamtwirkung hängen vom Flügelprofil und Anstellwinkel ab. Sie errechnen sich mit dem Widerstandsbeiwert und Auftriebsbeiwert aus den Formeln 85 und 86.

$$dF_a = c_a(\alpha_a) \frac{\rho_L}{2} c^2 dA_F \text{ (85)} \qquad dF_w = c_w(\alpha_a) \frac{\rho_L}{2} c^2 dA_F \text{ (86)}$$

Die Verhältnisse am Windrotor können anschaulich an Abbildung 73 nachvollzogen werden.

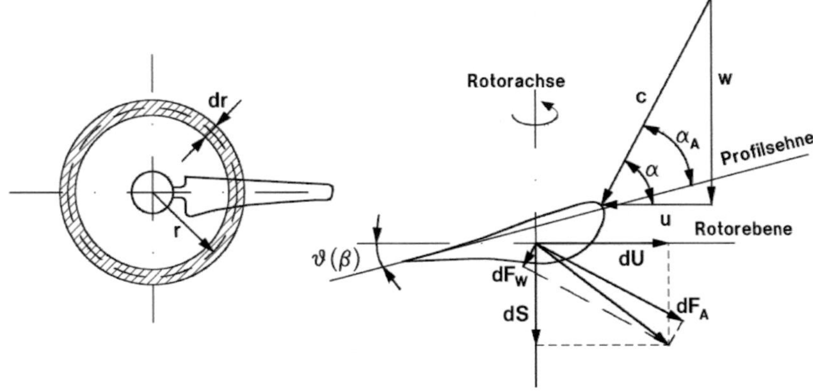


**Abbildung 73**: Luftkräfte am Flügelelement  [Sourkounis1, S. 171]

Die Abbildung stellt einen Schnitt durch die Rotorebene dar, aus der deutlich wird, dass die mechanische Leistung vom Verhältnis von Auftriebs- und Widerstandskraft abhängt, siehe Formel 87.

$$dU = dF_A \sin\alpha - dF_W \cos\alpha$$
$$dS = dF_A \cos\alpha + dF_W \sin\alpha \quad (87)$$

Die aerodynamische Güte eines Flügelprofils lässt sich mit einem messtechnisch ermittelten Polardiagramm bestimmen, dabei wird ein möglichst großes und flaches Gleitzahlmaximum angestrebt [Sourkounis1]. Die Gleitzahl errechnet sich aus Formel 88.

$$E_G = \frac{c_a}{c_w} \quad (88)$$

Die Leistungscharakteristik einer Windkraftanlage wird durch den Verlauf der Rotorleistung über die Windgeschwindigkeit geprägt. Unter Berücksichtigung des Rotorleistungsbeiwerts $c_{pr}$ berechnet sich die Rotorleistung nach Formel 89.

$$P_r = c_{pr} \frac{\rho}{2} w^3 A_r \quad (89)$$

Der $c_{pr}$-Wert wird aus einer Kennlinienschar bestimmt, die bei verschiedenen Umdrehungs-geschwindigkeiten und verschiedenen Windgeschwindigkeiten aufgenommen wurde, siehe Abbildung 74.

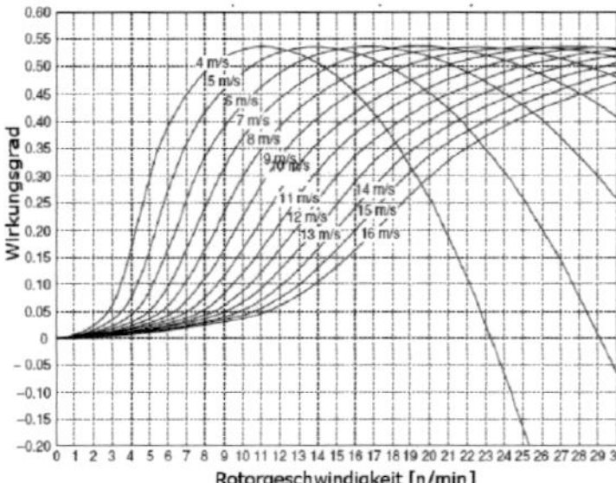


**Abbildung 74** $c_p$ bei var Wind und Drehzahl [Ackermann, S. 530]

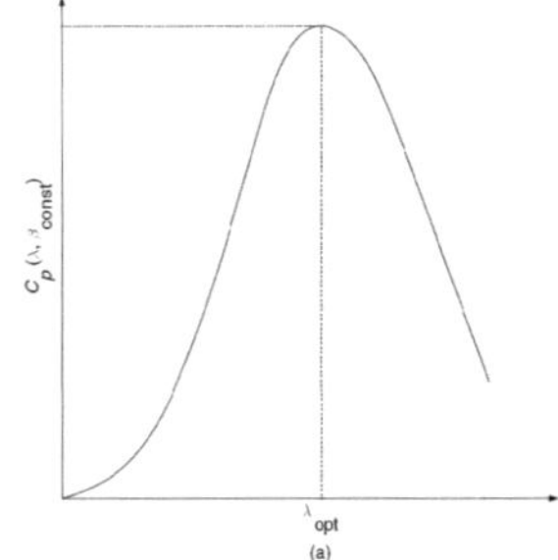


**Abbildung 75** Kennlinie einer Schnelllaufzahl [Ackermann, S.530]

Der Leistungsbeiwert wird normalerweise für eine bestimmte Schnelllaufzahl bestimmt, siehe Abbildung 75. Die Schnelllaufzahl bestimmt sich aus dem Verhältnis von Umfangsgeschwindig-keit der Blattspitzen zur Windgeschwindigkeit, siehe Formel 90.

$$\lambda = \frac{u}{w} \quad (90)$$

Die Kurve in Abbildung 75 wird normalerweise durch weitere Kurven mit unterschiedlichen Anstellwinkeln ergänzt, dies führt zu Abbildung 76.

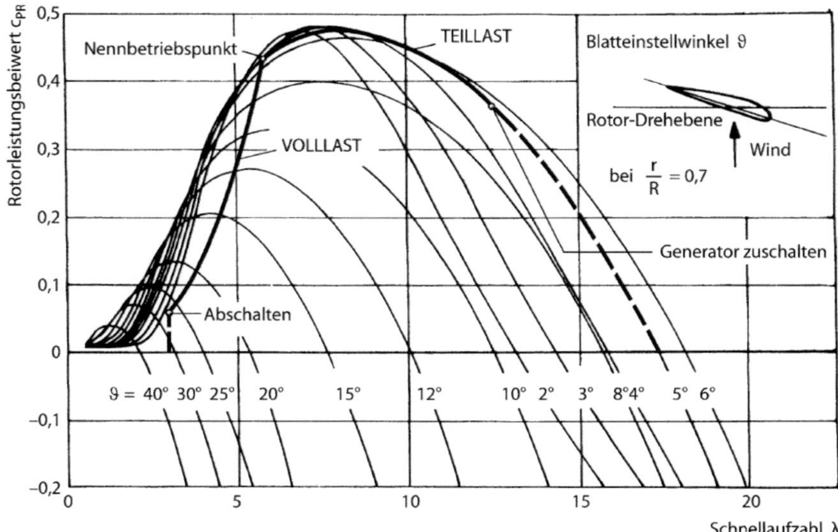


**Abbildung 76**: Typisches $c_p$-$\lambda$ Kennlinienfeld  [Hau, S. 105]

Hieraus lässt sich der optimale Betriebspunkt bei einer gegebenen Windgeschwindigkeit finden, indem die passende Rotordrehzahl eingestellt wird.

Die Drehzahl einer Windkraftanlage lässt sich auf vielfältige Weise beeinflussen, als Beispiele auf der aerodynamische Seite sind die Pitchverstellung und der Stalleffekt zu nennen.

Auf der elektrischen Seite kann der Generator die Drehzahl entscheidend über sein elektrisches Gegenmoment beeinflussen.

In Ausnahmefällen, um die Anlage stillzusetzen, werden mechanische Bremsen und Feststelleinrichtungen eingesetzt und der Rotor wird aus dem Wind gedreht.

## 4.3 Der mechanisch-elektrische Energiewandler

Bei horizontalen Auftriebsläufern kommen verschiedene Konzepte zum Einsatz, um die mechanische Energie des Rotors in elektrische Energie zu transformieren.

Die Konzepte unterscheiden sich hauptsächlich durch die eingesetzten Generatoren und die Netzanbindung. Abbildung 77 zeigt die üblichen Bauformen der eingesetzten Generatortypen.

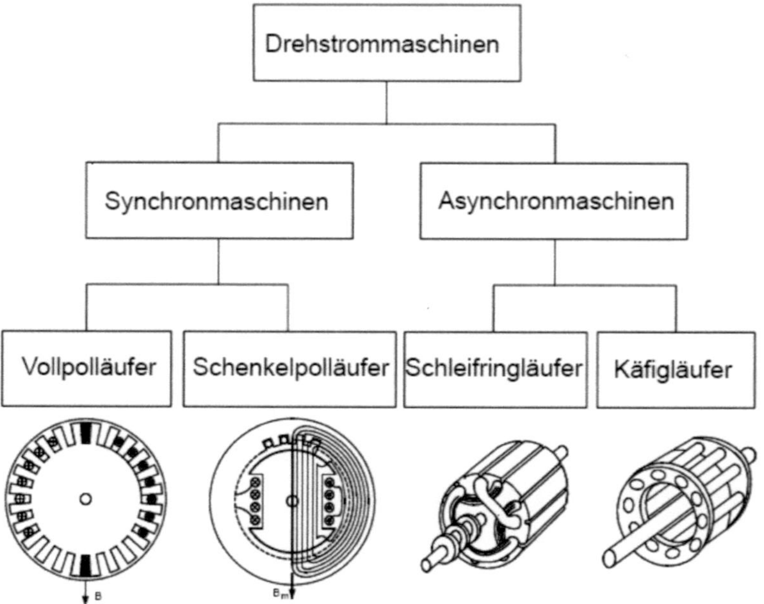


**Abbildung 77**: Verschiedene Drehstrommaschinen und Läuferformen [Sourkounis1, S. 184]

Konzepte, die  heute noch von Bedeutung sind, sind Lösungen mit Drehfeldmaschinen sowie mit direkter oder entkoppelter Netzfrequenzkopplung. Abbildung 78 gibt eine Übersicht über mögliche Varianten.

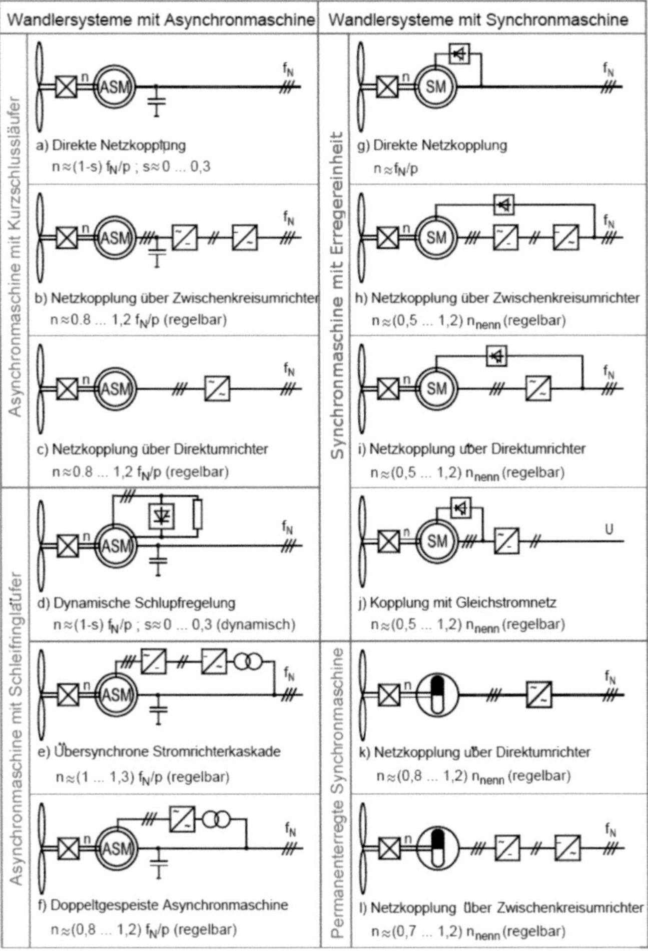


**Abbildung 78**: Unterschiedliche mechanisch-elektrische Wandlersysteme  [Sourkounis1, S.183]

Im Modell sollen die Varianten h und j untersucht werden. Dabei soll das bereits hergeleitete Modell einer fremderregten Synchronmaschine eingesetzt werden.

Synchrongeneratoren von Windenergiekonvertern werden drehzahlvariabel betrieben, um die Anlage immer mit optimalem Wirkungsgrad betreiben zu können. Deshalb müssen Generator und Netz durch einen Frequenzumrichter entkoppelt werden, dies ermöglicht einen effektiven windgeführten Betrieb des Rotors. Der drehzahlvariable Betrieb erhöht die Ausnutzung der Anlage erheblich, da bei starrer Kopplung die Drehzahl der Synchronmaschine vom Netz vorgegeben wird und der Rotor unter Umständen in einem nicht optimalem Bereich betrieben wird.

Der drehzahlvariable Betrieb eines Synchrongenerators erfolgt im Allgemeinen über einen Frequenzumrichter mit Gleichstromzwischenkreis, wie in Variante h in Abbildung 78 dar gestellt. Der vom Generator erzeugte Strom wird mit variabler Frequenz gleichgerichtet und über einen Wechselrichter ins Netz eingespeist, eventuell wird die Spannung mit einem Transformator in die passende Spannungsebene transformiert [Hau].

Probleme, die bei einer direkten Netzkopplung entstehen, werden durch die Entkopplung vermieden. Vorteilhaft ist, dass bei Entkopplung die Netzsynchronisierung und die Laststöße beim Einschalten entfallen. Die Anlage kann, je nach Schaltungstopologie, motorisch hochgefahren und elektrisch gebremst werden.

Das Generatormoment kann über die Gleichstromzwischenkreisspannung geregelt werden.

Von Nachteil sind die höheren elektrischen Verluste durch die Ventile und die Generierung von Oberwellen durch schaltende Elemente.

## 4.4 Topologien und Ansteuerungen der Leistungselektronik

Um Drehfeldmaschinen effizient mit variabler Drehzahl betreiben zu können, müssen Maschine und Netz entkoppelt werden. Dazu wurden früher Maschinenumformer eingesetzt. Heute wird zur Entkopplung der Frequenzen Leistungselektronik eingesetzt, die dieser Aufgabe günstiger und flexibler gerecht wird.

Als mögliche Schaltungen sind „back to back" Umrichter mit Spannungszwischenkreis und Direktumrichter zu nennen. „back to back" Lösungen werden meist in Brückenform mit Diodenbrückengleichrichter oder „Active-Front-End"- Umrichter realisiert.

Dabei wird zwischen fremd- und selbstgeführten Konzepten unterschieden, wobei fremdgeführt bedeutet, dass die Kommutierung zwischen zwei stromführenden Schaltungszweigen unter der Wirkung einer äußeren Spannung verläuft.

Im Gegensatz dazu wird bei einem selbstgeführten Stromrichter die Zündung und Löschung der Ventilzweige unabhängig vom Netzzustand durchgeführt, dazu sind ein- und ausschaltbare Bauelemente, wie zum Beispiel IGBTs, notwendig [Jäger].

### 4.4.1 Lastgeführte Konzepte und deren Ansteuerung

Ein typisches lastgeführtes Konzept, das in Windkraftanlagen eingesetzt wird, ist der Diodengleichrichter in B6-Brückenschaltung. Diese Schaltung ist besonders kostengünstig, blindleistungsarm und robust, dafür ist lediglich der Betrieb im ersten Quadranten möglich. Dies bedeutet, dass die Energie lediglich aus der Wechselspannungsquelle in den Zwischenkreis fließen kann, das Umdrehen der Flussrichtung ist nicht möglich.

Die Schaltung B6U ist in Abbildung 79 dargestellt. Als weite Schaltungsvarianten sind die halb und vollgesteuerten Varianten B6H und B6C denkbar, die Variante B6C ist in Abbildung 80 dargestellt. Hierbei kann die Zwischenkreisspannung beeinflusst werden, indem die Einschaltpunkte der einzelnen Ventile durch schaltbare Bauelemente verschoben werden. Durch die Verschiebung des Zündimpulses, also der Vergrößerung des Zündwinkels, ändert sich der Mittelwert der Ausgangsspannung und somit die Zweischenkreisspannung [Jäger].

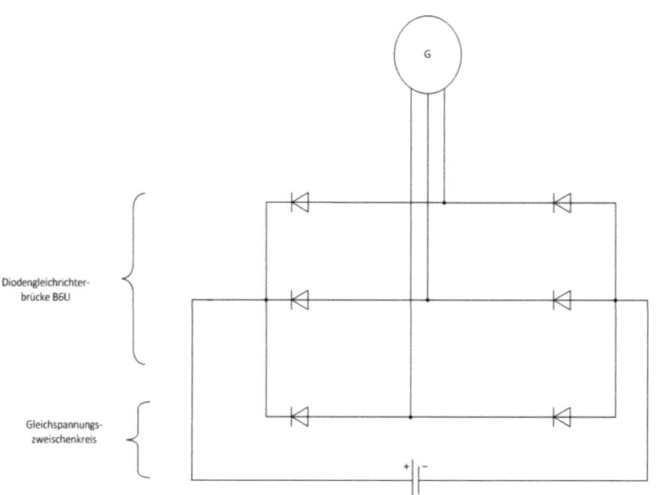



**Abbildung 79**: B6 Brückenschaltung [eigene Darstellung]

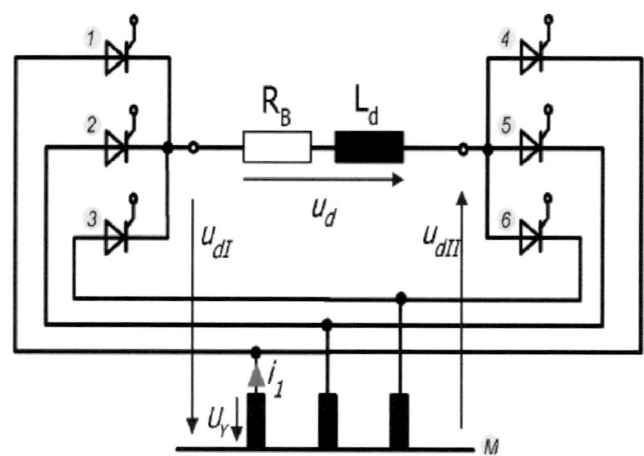



**Abbildung 80**: B6C Brückenschaltung [Schröder, R. 2 Kapitel 5.3]

Lastgeführte Schaltungen, wie die B6U Brückenschaltung, benötigen keine Ansteuerung, da die Ventile zu ihrem natürlichen Zeitpunkt kommutieren.

Werden statt Dioden steuerbare Elemente eingesetzt, kommen Steuerverfahren wie die Grundfrequenztaktung in Frage. Bei der Grundfrequenztaktung spricht man aufgrund der blockförmigen Spannung von einer Blocktacktung, siehe Abbildung 81.

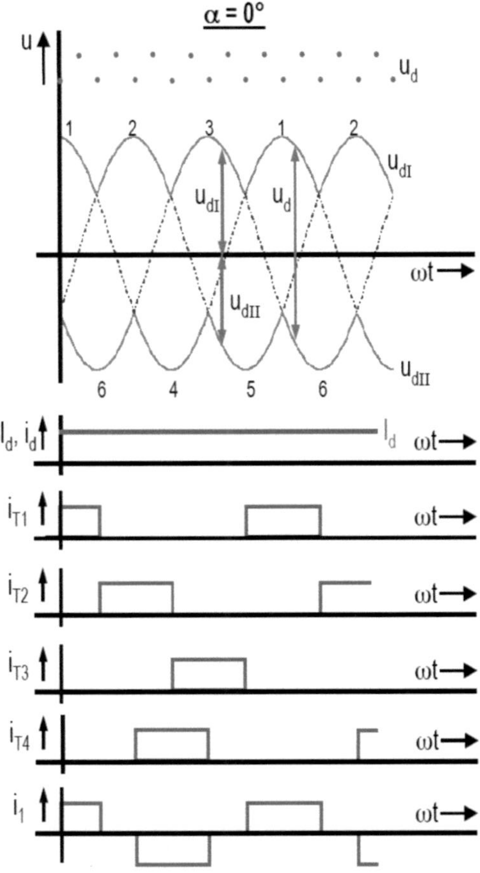


**Abbildung 81**: Blocktacktung [Schröder, R. 2 Kapitel 5.3]

Die Schaltfrequenz ist identisch mit der Grundschwingungsfrequenz des Drehspannungssystems [Steimel]. Die Abbildung 81 ist passend zum Ersatzschaltbild in Abbildung 80 beschriftet. Im oberen Bereich ist die resultierende Spannung, darunter die sich ergebende Gleichspannung und unten die Ansteuerung der einzelnen Thyristoren dargestellt. Die

Abbildung zeigt die Schaltung bei voller Aussteuerung, also mit Alpha gleich Null. Bei einer kleineren Aussteuerung würden die Thyristoren später gezündet werden. Bei zu kleiner Aussteuerung ist es möglich, dass der Ausgangsstrom unbeabsichtigt lückt, also der Strom kurzzeitig Null wird. Die Lückgrenze sollte nicht unterschritten werden, da sich der Formfaktor des Stroms ändert, was höhere Stromwärmeverluste bedeuten würde. Des Weiteren ändert sich beim Übergang von normalem Betrieb in den lückenden Betrieb die Streckenverstärkung des Gleichrichters um Faktor drei bis vier. Die Änderung der Streckenverstärkung kann den Antrieb destabilisieren. Die Lückgrenze lässt sich durch eine verbesserte Glättung verschieben [Schröder, R. 2].

## 4.4.2 Selbstgeführte Konzepte und deren Ansteuerung

Die grundlegenden selbstgeführten Schaltungen sind der Gleichstromsteller mit den Varianten Tiefsetzsteller und Hochsetzsteller. Aus diesen Varianten lassen sich komplexere Schaltungen, wie der Vierquadrantsteller, bilden. Der Tiefsetzsteller wird genutzt, um eine Spannung zu vermindern, dazu wird die treibende Spannung unterbrochen und auf den Freilaufzweig kommutiert. Die Spannung wird bei Unterbrechung eine gewisse Zeit von der Induktivität im Freilaufzweig bereit gestellt. Die Schaltung ist in Abbildung 82 gezeigt.

Die Verläufe werden in Abbildung 84 dargestellt [Steimel]. Die Stromwelligkeit wird entscheidend von der Größe der Induktivität beeinflusst, wenn die Stromwelligkeit vermindert werden soll, ohne den Steuerwinkel zu ändern, kann entweder die Induktivität oder die Schaltfrequenz vergrößert werden, siehe Formel [91].

$$\Delta i = \frac{\left|\overline{U_{z2}}\right| \cdot \frac{T}{2}}{L_2} \ \textbf{(91)}$$

Eine aktive Last wird für die Funktion der Schaltung nicht benötigt, die Energie fließt von der Gleichspannungsquelle über den Thyristor in den Verbraucher, die Flussrichtung kann sich nicht umkehren.

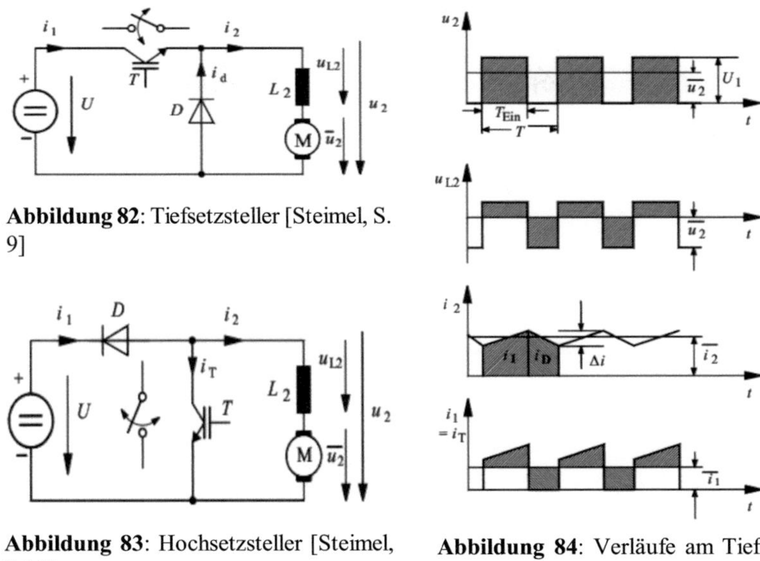

**Abbildung 82**: Tiefsetzsteller [Steimel, S. 9]

**Abbildung 83**: Hochsetzsteller [Steimel, S.11]

**Abbildung 84**: Verläufe am Tiefsetzsteller [Steimel, S.9]

Falls Energie zurückgespeist werden soll, kann ein Hochsetzsteller eingesetzt werden. Dazu werden bei der Tiefsetzstellerschaltung Diode und Thyristor vertauscht und eine aktive Last eingebaut. Die sich ergebende Schaltung entspricht Abbildung 83.

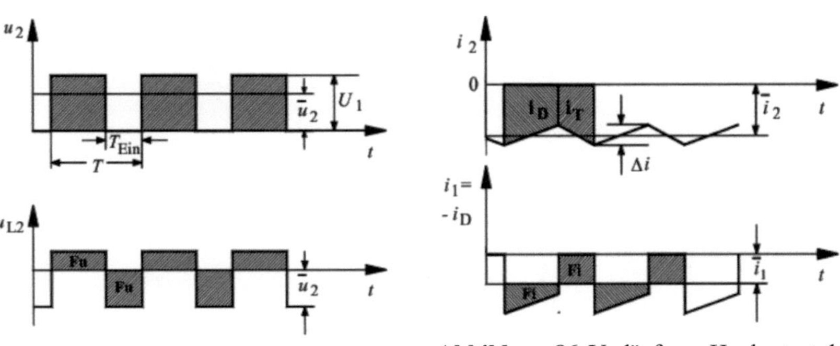

**Abbildung 85**: Verläufe am Hochsetzsteller Teil 1 [Steimel, S.11]

**Abbildung 86**: Verläufe am Hochsetzsteller Teil 2 [Steimel, S.11]

Der Vorgang der Rückspeisung wird in den Abbildungen 85 und 86 deutlich, hierbei soll die Energie von U$_2$ in die Spannungsquelle U fließen. Die Spannung U$_2$ ist kleiner als U. Um die Spannung anzuheben, wird die Induktivität über den Thyristor kurzgeschlossen, dabei lädt sich die Induktivität auf. Im nächsten Schritt wird der Thyristor geöffnet. Der Strom kann nicht abrupt enden, da er von der Induktivität getrieben wird. Die Stromschankungsweite ergibt sich aus Gleichung 92.

$$\Delta i = \frac{\int u_{L2}\,dt}{L_2} \quad (92) \qquad\qquad \frac{di_2}{dt} = -\frac{1}{L}(U - \overline{u_2}) \quad (93)$$

Der Strom kommutiert auf die Diode und fließt in die Gleichstromquelle beziehungsweise in den Kondensator. Der Stromfluss in die Spannungsquelle U endet bei Unterschreitung der Gegenspannung U oder bei erneuter Zündung des Thyristors, siehe Gleichung 93. Der Hochsetzsteller wird mit möglichst hoher Schaltfrequenz betrieben, um die Induktivität klein auslegen zu können und trotzdem eine geringe Stromwelligkeit zu erreichen. Die Periodendauer wird wesentlich kleiner als die Zeitkonstante der Schaltung ausgelegt, damit wird ein lückender Strom sicher vermieden.

Wenn Hoch- und Tiefsetzsteller parallel geschaltet werden, ergibt sich eine Schaltung, die den 2-Quadrantenbetrieb ermöglicht. Die Schaltung kann zum Antreiben und Bremsen von Gleichstrommaschinen eingesetzt werden, siehe Abbildung 87.

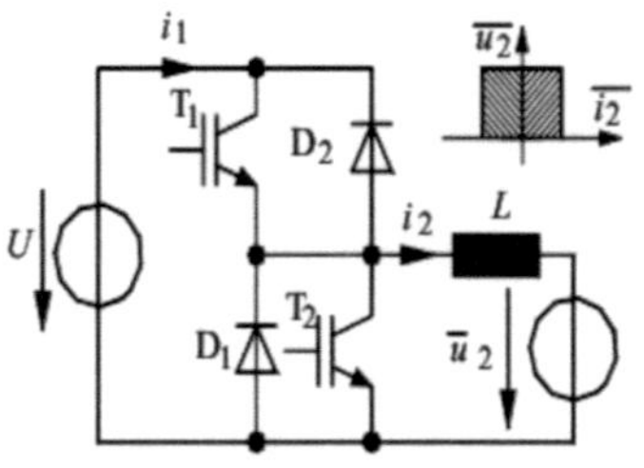

**Abbildung 87**: Zweiquadrantsteller [Steimel, S.25]

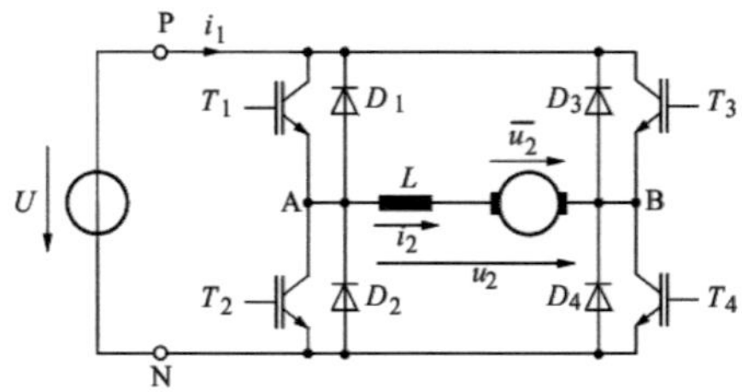

**Abbildung 88**: Vierquadrantsteller [Steimel, S.26]

Die Schaltung kann um vier weitere Ventile zum Vierquadrantsteller erweitert werden. Diese Schaltung ist für den vierquadranten Betrieb geeignet [Specovius], siehe Abbildung 88.

Beispielsweise ist es möglich, einen Antrieb in beide Drehrichtungen anzutreiben und elektrisch zu bremsen oder Energie zurückzuspeisen.

Der Vierquadrantsteller kann zur dreisträngigen Variante in B6-Topologie erweitert werden, siehe Abbildung 89. Diese Schaltung ist eine Variation der B6C Schaltung mit zusätzlichen Freilaufdioden, dies ermöglicht den vier-Quadrantenbetrieb.

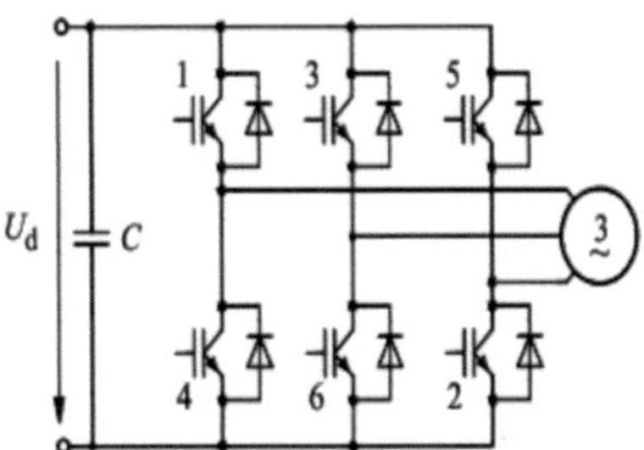

**Abbildung 89**: B6-Schaltung für Vierquadrantenbetrieb [Steimel, S. 30]

Werden zwei vollgesteuerte Brückenschaltungen in Reihe mit einem Zwischenkreiskondensator geschaltet, ergibt sich ein „Active-Front-End" [Steimel], siehe Abbildung 90.

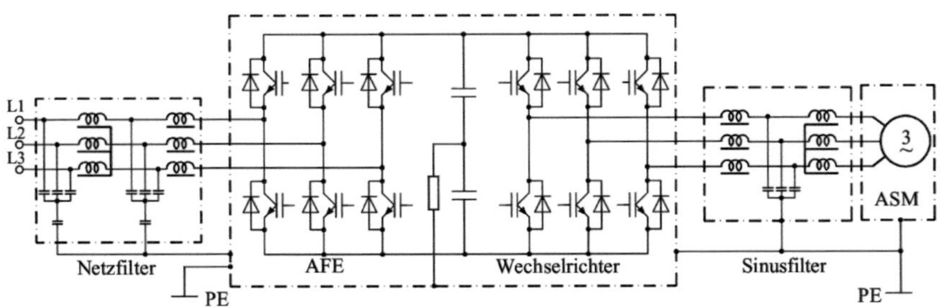


**Abbildung 90**: „Active-Front-End" [Steimel, S. 186]

Das „Active-Front-End" wird häufig in Windkraftanlagen eingesetzt, da es im Gegensatz zum generatorseitigen B6U Gleichrichter die volle Funktionalität und somit auch die volle Regelbarkeit bietet.

Die „Active-Front-End" Technologie ist eine in der Antriebstechnik erprobte Lösung, und ist somit keine Sonderlösung für die Windkraft. Lediglich die Regelung muss auf die Anforderungen von Windkraftanlagen angepasst werden.

Gleichstromsteller werden häufig mit Stromhystereseverfahren gesteuert. Dazu wird eine Schmitttriggerschaltung eingesetzt, die durch Ein- und Ausschalten die Ausgangsgröße in einem Sollwertband um die Führungsgröße stabilisiert [Schröder D. 2]. Der englische Ausdruck für diese Regelung ist „Bang–bang control", dies trifft den Charakter der Regelung ausgezeichnet.

Die Ansteuerung von Vierquadrantstellern wird entweder mit Sinusmodulationsverfahren oder Grundfrequenztaktung umgesetzt. Die Grundfrequenztaktung entspricht der Beschreibung bei fremdgeführten Stromrichtern.

Sinusmodulationsverfahren werden meist als Pulsweitenmodulation realisiert, die häufigsten Varianten sind die Sinus-Dreieck-Modulation und die feldorientierte Regelung.

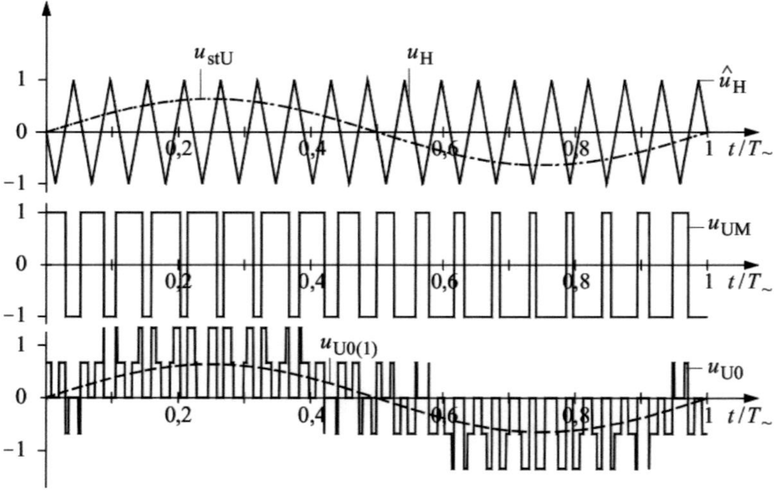


**Abbildung 91**: Spannungs- und Stromverläufe bei der PWM [Steimel, S.37]

Die Abbildung 91 stellt die Grundlage des verbreitesten Steuerverfahren, der Sinusmodulation dar. In Abbildung 91 wird oben die Sollwertspannung $u_{STU}$ mit der Dreieckhilfsspannung $u_H$ verglichen. Wenn die Sollwertspannung größer als die Dreieckhilfsspannung ist, wird das Ventil auf Plus geschaltet, im umgekehrten Fall wird das Ventil auf Minus geschaltet, sodass sich eine negative Wechselrichterausgangsspannung $U_{UM}$ ergibt. Falls ein dreisträngiges Drehspannungssystem generiert werden soll, werden drei um 120° Grad verschobene Sollwertspannungen generiert und mit der einen Dreieckhilfsspannung verglichen.

Aus der Wechselrichterausgangsspannung ergibt sich die nullsystemfreie Motorstrangspannung $U_{u0}$. Die Ausnutzung des Wechselrichter beträgt 86,6% bezogen auf die Grundfrequenztacktung [Specovius].

Um den Wechselrichter besser ausnutzen zu können, kann die feldorientierte Regelung eingesetzt werden, damit kann eine Ausnutzung der Zweischenkreisspannung von 91% erreicht werden [Specovius]. Die feldorientierte Regelung hat das Ziel, Drehmoment und Fluss unabhängig voneinander zu regeln. Dabei wird ausgenutzt, dass die typische Wechselrichterschaltung, bestehend aus drei Halbbrücken, über acht Schaltzustände verfügt, siehe Abbildung 92.

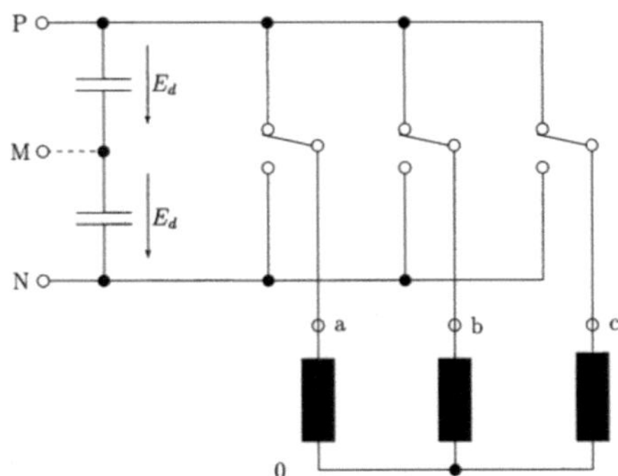

**Abbildung 92**: Schema Wechselrichterschaltung [Staudt2, S. 2]

Mit diesen sechs Spannungen und zwei Nullzuständen wird ein möglichst kreisförmiger Verlauf der Raumzeiger angestrebt, in Abbildung 93 sind die zugehören Schaltworte mit den Raumzeigern in Polarkoordinaten dargestellt. Werden die Raumzeiger graphisch dargestellt, ergibt sich Abbildung 94. Die Spitze des Raumzeigers soll auf einer Kreisbahn mit möglichst konstanter Bahngeschwindigkeit geführt werden.

| Schaltwort | [000] | [001] | [010] | [011] | [100] | [101] | [110] | [111] |
|---|---|---|---|---|---|---|---|---|
| $\left\lvert\underset{\rightarrow}{u}\right\rvert$ | 0 | $\frac{2}{3}U_d$ | $\frac{2}{3}U_d$ | $\frac{2}{3}U_d$ | $\frac{2}{3}U_d$ | $\frac{2}{3}U_d$ | $\frac{2}{3}U_d$ | 0 |
| $\chi_u$ | --- | 240° | 120° | 180° | 0° | 300° | 60° | --- |

**Abbildung 93**: Schaltworte und Spannungsraumzeiger [Staudt1 S.171]

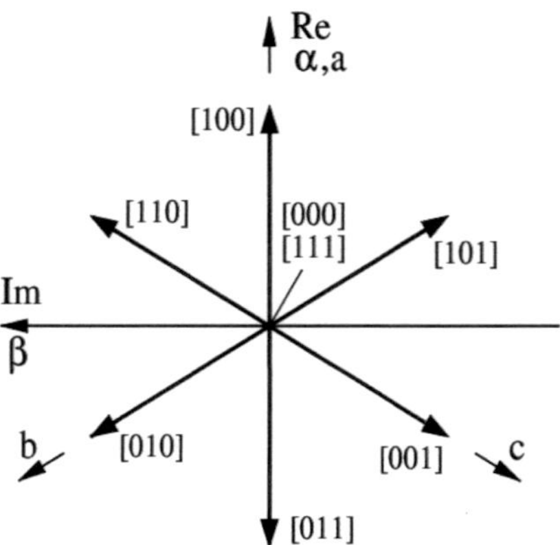


**Abbildung 94**: Ausgangsspannungsraumzeiger und Schaltzustände des 2 Punkt Wechselrichters [Staudt1, S. 171]

Hierbei spielt der Zusammenhang in Formel 94 eine entscheidende Rolle, da sich die Spitze des Statorflussraumzeigers in die Richtung des geschalteten Spannungsraumzeigers bewegen wird. Die Winkelgeschwindigkeit hängt vom Betrag der Spannung ab [Staudt2].

$$\vec{\psi} = \int \vec{u}_v\, dt \quad (94)$$

Beispielsweise kann dazu die indirekte Statorgrößenregelung eingesetzt werden, die dem Prinzip folgt, den Raumzeiger durch die geschickte Kombination von Spannungsraumzeigern und Haltepunkten auf einer Kreisbahn zu führen, siehe Abbildung 95.

Es werden immer ausschließlich die den Raumzeiger einrahmenden Spannungsraumzeiger abwechselnd mit den beiden Nullzustände verwendet, um die Kreisform anzunähern.

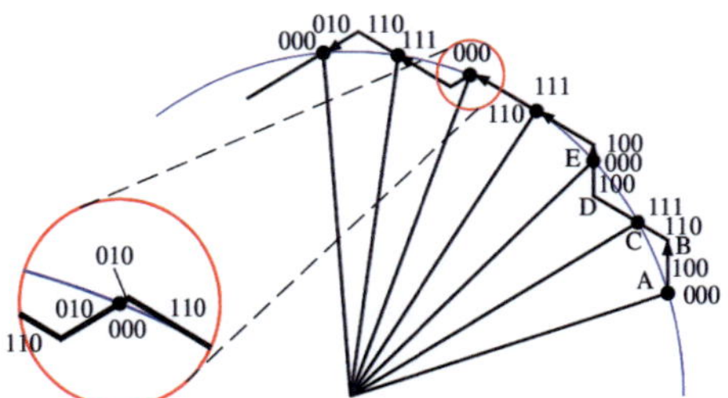

**Abbildung 95**: Schaltzustände bei kreisförmiger Flussbahnkurve [Staudt1, S. 173]

Die Position und Dauer des nächsten Nullzustandes werden mit einem Vierschrittverfahren bestimmt. Das Verfahren beginnt damit, dass der Betrag des Raumzeigers angepasst wird. Als Nächstes wird der Flussraumzeiger um den Winkel $\omega * T_p$ weiter gedreht, um die Drehzahl des Rotors auszugleichen. In Schritt drei wird der Schlupf $\omega_r * T_p$ ausgeglichen. Im letzten Schritt wird das Drehmoment eingestellt, dazu wird der Flusswinkel verändert. Das Verfahren ergibt sich aus Abbildung 96.

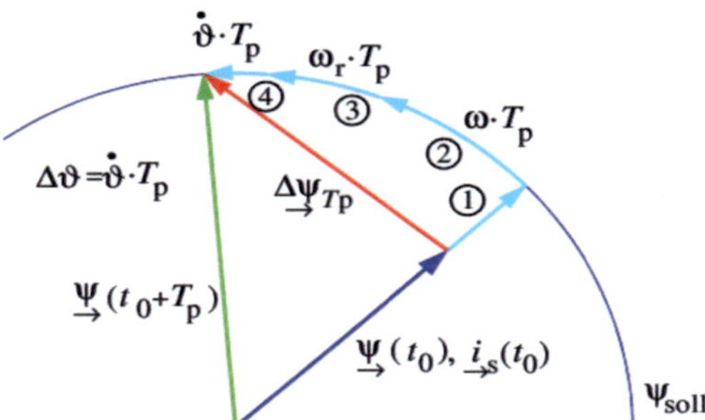

**Abbildung 96**: Vierschrittverfahren zur Ermittlung der Flussänderung in einer Pilsperiode [Staudt1, S. 174]

## 4.5 Die Betriebsführung von Windkraftanlagen

Die Betriebsführung von Windkraftanlagen muss mit verschiedenen Anforderungen umgehen, welche die Aspekte der Maximierung der Energielieferung, des Anlagenschutzes durch Drehzahl- und Leistungsbegrenzung, Vergleichmäßigung von Wirk- und Blindleistungsfluss und Sollwertfolge einer externen Leistungsbegrenzung abdecken sollen, vergleiche Abbildung 97.

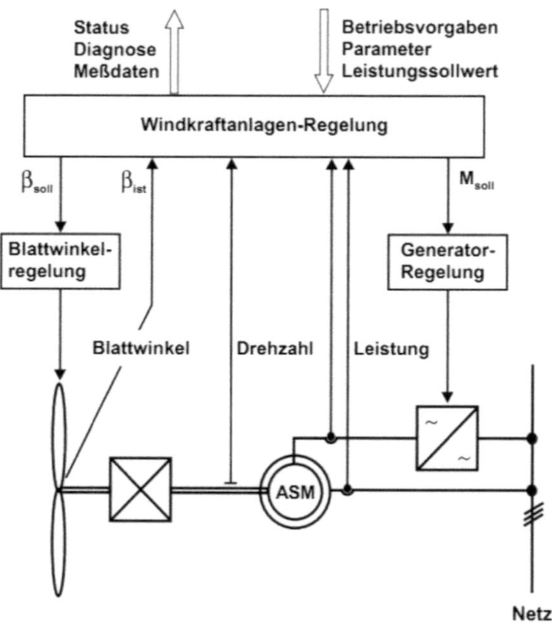


**Abbildung 97**: Windkraftanlagenregelung [Mevenkamp, S. 85]

Diese Anforderungen werden durch eine kaskadierte Reglerstruktur erfüllt.

Die Regler in der Struktur interagieren miteinander und können bei ungünstiger Auslegung gegeneinander schwingen. Eine mögliche Reglerstruktur für Windkraftanlagen ist Abbildung 98 zu entnehmen [Mevenkamp]. Dabei ist die gezeigte Struktur teilweise modellbasiert, um Momente am Rotor zu schätzen, dies ermöglicht eine gezielte Reduktion der mechanischen Beanspruchungen.

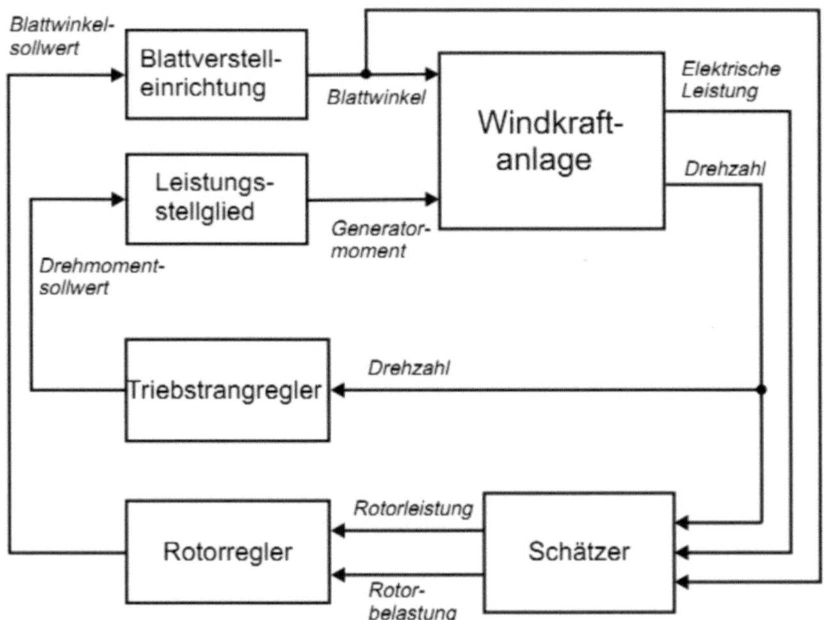


**Abbildung 98**: Modellbasierte Windkraftanlagenregelung  [Mevenkamp, S.  86]

Abbildung 99 zeigt ein Regelungsschema für Synchronmaschinen, die an einen Vollumrichter mit generatorseitigem Diodengleichrichter und Hochsetzsteller betrieben werden.

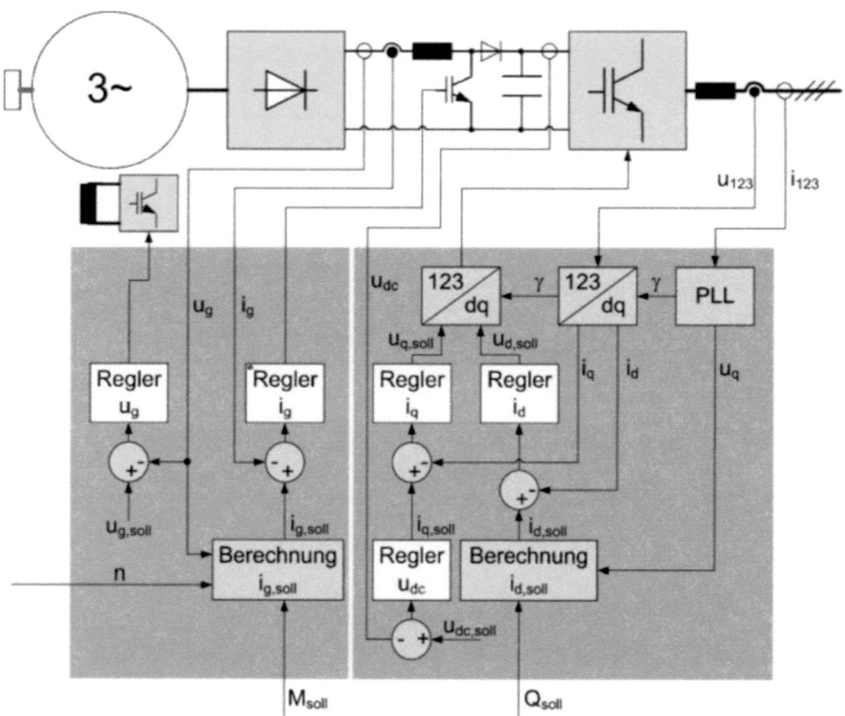


**Abbildung 99**: Regelungsschema einer fremderregten Synm. [Caselitz, S. 10]

Die Regelung ermöglicht eine Entkopplung von Generatormoment und Blindleistung. Die Einspeisung der vom Generator erzeugten Wirkleistung ins Netz wird über die geregelte Zwischenkreisspannung bewirkt, indem sie durch einen Hochsetzsteller angepasst wird. Der netzseitige Umrichter kann innerhalb der Strom- und Spannungsgrenzen einen gewünschten Blindleistungssollwert einstellen, der das Netz stützen kann [Caselitz].

Der netzseitige Umrichter wird entweder mit einer Sinus-Dreieck Regelung oder einer feldorientierten Regelung betrieben. Die Phasenerkennung für die Raumzeigerregelung wird mit einer Phasenregelschleife (PLL) durchgeführt.

Zu den in Abbildung 99 gezeigten Reglern kommen noch der Pitchregler, der Drehzahlregler und das übergeordnete Windparkmanagementsystem. Die Regler sind in verschieden Zeitbereichen angesiedelt und beeinflussen eine Größe, beispielsweise wirkt der Pitchregler mit seiner um Größenordnungen größeren Zeitkonstante genauso auf das Drehmoment, wie der $U_g$ und der $I_g$ Regler. Die Zeitkonstanten sind der Physik geschuldet, der mechanische Antrieb für die Blattverstellung ist erheblich träger, als die Anpassung der Erregung oder die Änderung der Leistungselektronikaussteuerung.

## 4.6 Das Modell der Windkraftanlage

Das Modell der hier verwendeten Windkraftanlage folgt dem Signalflussplan in Abbildung 101.
Dabei können für die einzelnen Elemente verschiedene Komponenten eingesetzt werden.
Es soll das Verhalten verschiedener Umrichtertopologien untersucht werden, mit diesem
Ansatz ist das Modell universell an das zu simulierende Szenario anpassbar, indem lediglich
Bestandteile ausgetauscht werden müssen. Dies kommt der in Simulink üblichen Struktur der
Bibliotheken entgegen, aus denen die gewünschten Elemente ausgewählt werden können. Im
Signalflussgraphen wird dargestellt, wie die verschieden Messgrößen auf die unterschiedlichen
Regler wirken.

Das mechanische Teilsystem wird mit einem Zweimassenschwinger und einem idealen Getriebe
nachgebildet. Das Getriebe wird somit lediglich durch eine Verstärkung angenähert.

Da das Getriebe ideal, also massenlos angenommen wird, ist der Ansatz des Zweimassen-
schwingers zulässig, andernfalls müsste ein Mehrmassenansatz gewählt werden
[Isermann]. Der Zweimaschenschwinger in Abbildung 100 wird mit den Gleichungen 95, 96,
97 und 98 beschrieben, die Gleichungen sind auf die Generatorseite bezogen [Iov].

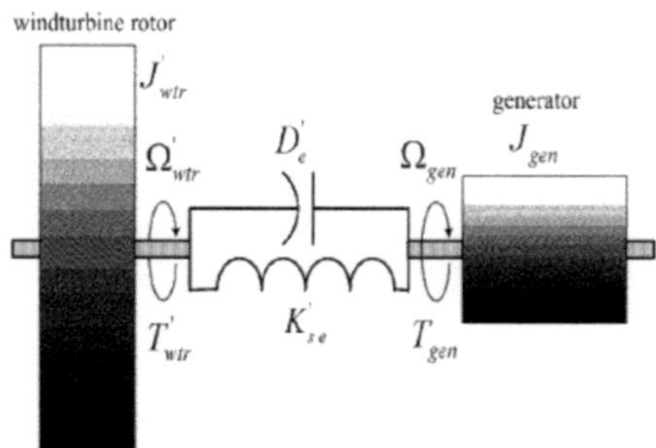


**Abbildung 100**: Zweimassenschwinger [Iov, S. 26]

$$M_{em} = J_{gen}\frac{d\Omega_{gen}}{dt} + D'_e(\Omega_{gen} + \Omega'_{wrt}) + k'_{se}(\theta_{gen} - \theta'_{wtr}) \quad (95)$$

$$\frac{d\theta_{wtr}}{dt} = \Omega'_{wrt} \quad (96)$$

$$M_r = J'_{wtr}\frac{d\Omega'_{wtr}}{dt} + D'_e(\Omega'_{wrt} + \Omega_{gen}) + k'_{se}(\theta'_{wrt} - \theta_{gen}) \quad (97)$$

$$\frac{d\theta_{gen}}{dt} = \Omega_{gen} \quad (98)$$

Der Steifigkeitskoeffizient k'$_{se}$ berechnet sich mit Formel 99 und das Trägheitsäquivalent mit Formel 100.

$$\frac{1}{k'_{se}} = \frac{1}{\dfrac{k_{wrt}}{k^2_{gear}}} + \frac{1}{k_{gen}} \quad (99) \qquad\qquad J'_{wrt} = \frac{1}{k^2_{gear}}J_{wrt} \quad (100)$$

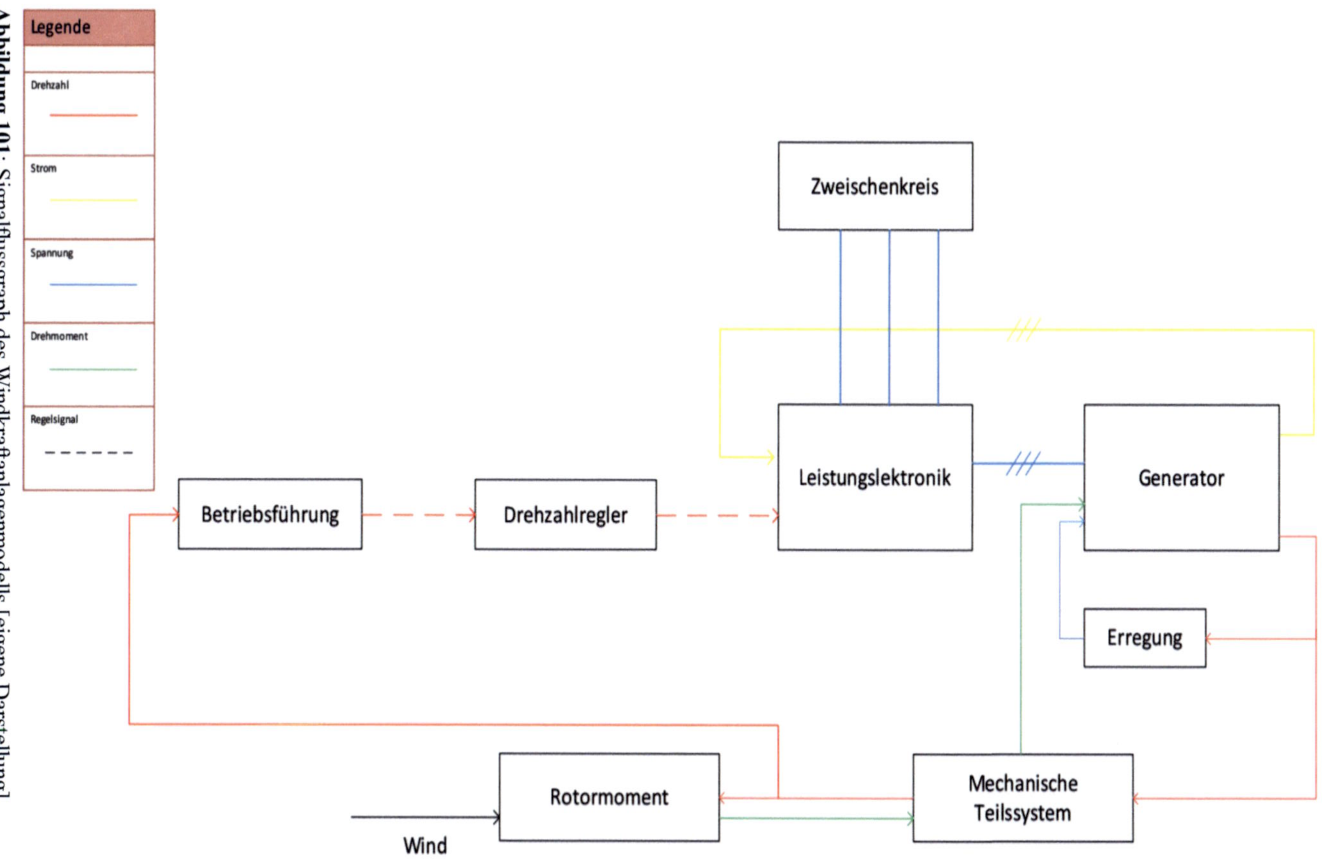


**Abbildung 101**: Signalflussgraph des Windkraftanlagenmodells [eigene Darstellung]

Der Rotorblock beinhaltet die Lambda-Berechnung, die Auswahl des $c_p$-Werts und die Drehmomentberechnung des Rotors.

Lambda berechnet sich mit Formel 101. Dabei wird zusätzlich der Startwert (c) für die Simulation vorgegeben, damit es beim Start nicht zu Fehlermeldungen kommt.

$$\lambda = R \cdot 2 \cdot \pi \cdot \frac{n+c}{w} \ (101)$$

Der $c_p$-Werts wird aus einem Kennlinienfeld bestimmt, indem der aktuelle $c_p$-Wert aus den Stützstellen linear interpoliert wird. Das Rotordrehmoment berechnet sich mit Formel 102.

$$M_r = \frac{\rho}{4} \cdot w^3 \cdot \frac{1}{n} \cdot R^2 \cdot c_p \ (102)$$

Die Regelung der Erregung und der Drehzahl sind als Pi-Regler ausgeführt. Wichtig für die Regelung sind die Anregelzeit, Ausregelzeit und die Überschwingweite [Unbehauen].

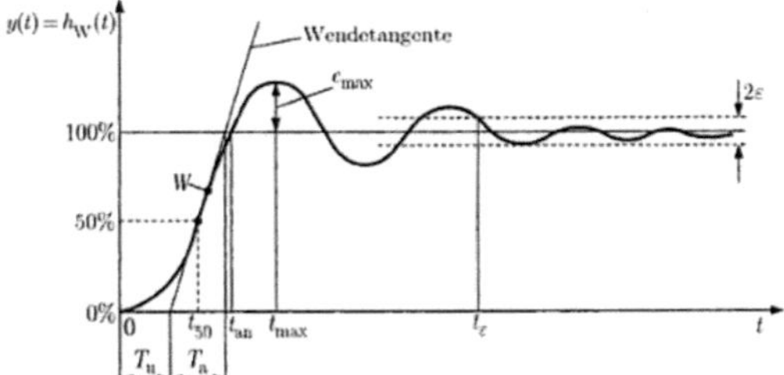


**Abbildung 102**: Sprungantwort PI-Regelstrecke [Unbehauen, S.189]

Die Anregelzeit $t_{an}$ ist der Zeitpunkt, zu dem erstmalig der Sollwert erreicht wird.

Als Ausregelzeit ($t_\varepsilon$) bezeichnet man den Zeitpunkt, ab dem die Regelabweichung dauerhaft kleiner ist als eine vorgegebene Schranke. Die Überschwingweite ($\varepsilon$) ist die maximale Regelabweichung. Die Abbildung 102 zeigt die Sprungantwort einer Regelstrecke mit den zuvor eingeführten Begriffen. Mit diesen Gütekriterien kann der Regler im Zeitbereich ausgelegt werden, beispielsweise mit dem Verfahren nach Ziegler und Nichols. Der Pi-Regler kann Anhand von Abbildung 103 aufgebaut werden.

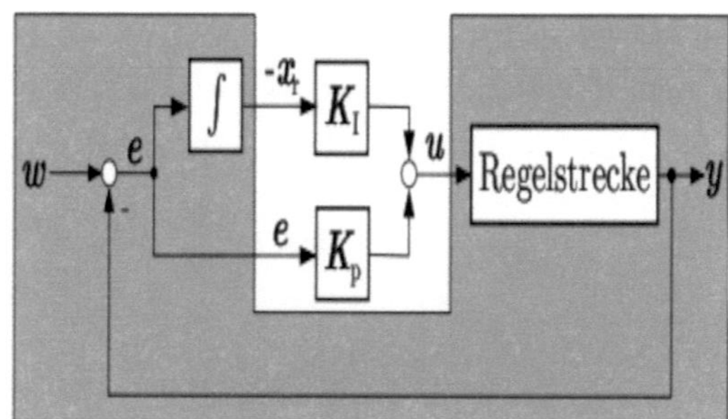


**Abbildung 103**: Struktur einer Pi-Regelstrecke [Lunze, S. 149]

Der P-Anteil mit der Verstärkung $K_p$ beeinflusst maßgeblich die Geschwindigkeit des Reglers und der I-Anteil mit der Verstärkung $K_i$ vermeidet eine bleibende Regelabweichung. Diese Bedingung ist gesichert, sofern eine Stellgrößenbeschränkung den Ausgleich nicht unmöglich macht.

Die Regelgröße für die Regelung der Erregung ist das aktuelle Drehzahlsignal der Synchronmaschine, das mit der Führungsgröße verglichen wird. Als Führungsgröße kann entweder ein fester Wert oder die Ausgangsgröße der Betriebsführung gewählt werden.

Die Führungsgröße des Drehzahlreglers ist die Ausgangsgröße der Betriebsführung und die Regelgröße ist die Drehzahl des Rotors.

In der Betriebsführung wird der optimale Drehzahlsollwert berechnet, indem er aus der aktuellen Windgeschwindigkeit mit Formel 103 bestimmt wird. Der Sollwert wird nach unten und oben durch die minimal und maximal sinnvolle Rotordrehzahl begrenzt. Die Begrenzung wird mit einem „Saturation"-Block realisiert.

$$\frac{w \cdot \dfrac{U_{opt}}{W_{opt}}}{R \cdot \omega_{Rnenn}} = \frac{w \cdot \lambda_{opt}}{R \cdot \omega_{Rnenn}} = n_{soll} \tag{103}$$

Als generatorseitige Leistungselektronik wird entweder eine B6-Schaltung mit Hochsetzsteller (Abbildung 104) oder eine dreisträngige Wechselrichterbrücke (Abbildung 105) eingesetzt. Die Schaltungen werden mit Elementen der „Powersystemtoolbox" aufgebaut.

Als Zwischenkreis wird entweder eine Gleichspannungsquelle oder ein Kondensator mit jeweils parallelem Hochsetzsteller eingebaut. Falls eine Wechselrichterbrücke eingesetzt wird, wird auf den Hochsetzsteller verzichtet.

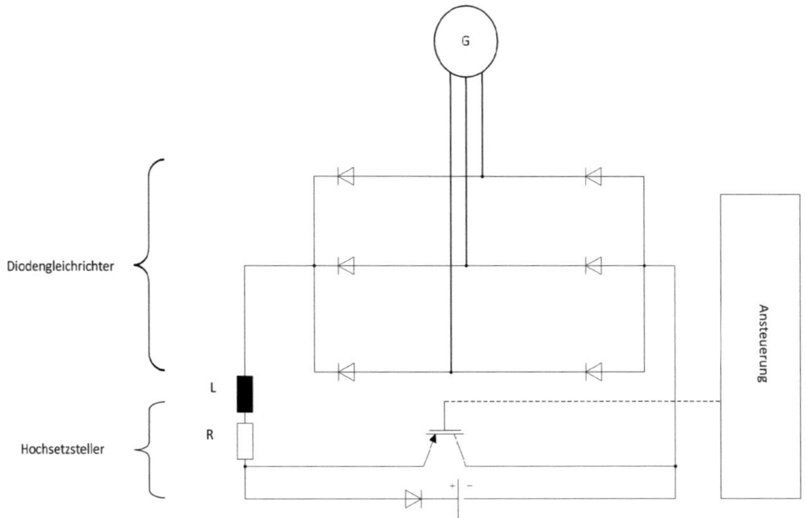


**Abbildung 104**: Diodengleichrichter mit Hochsetzsteller [eigene Darstellung]

Die Wechselrichterbrücke wird mit einer Sinus-Dreieck-Regelung geregelt und der Hochsetzsteller mit dem Stromhystereseverfahren.

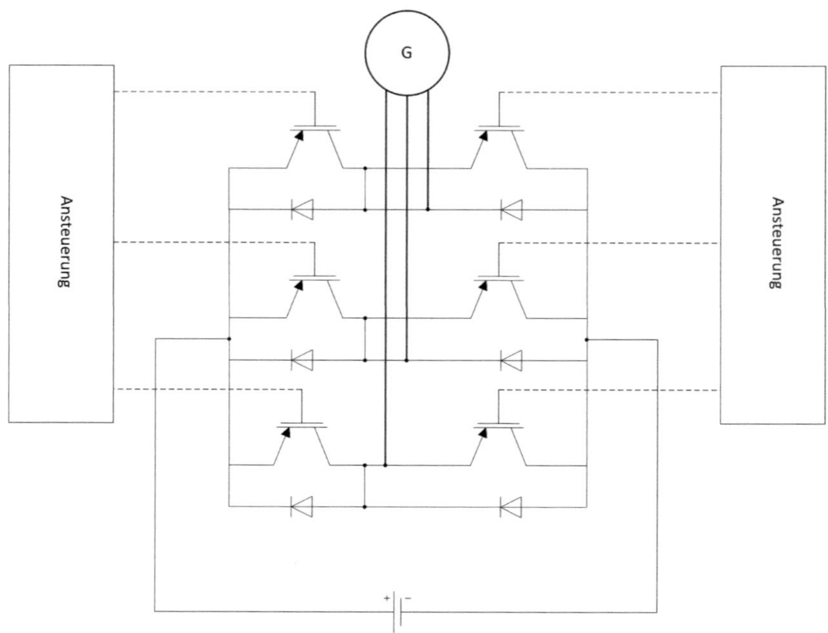



**Abbildung 105**: Dreisträngige Wechselrichterbrücke [eigene Darstellung]

## 4.7 Die Simulationsergebnisse

Nachdem das Modell der Windkraftanlage vollständig beschrieben wurde, erfolgen im weiteren Verlauf die Simulationen der Anlage mit Matlab Simulink. Es werden hierbei verschiedene Betriebszustände vergleichend untersucht. Die Parameter der Windkraftanlage werden durch Tabelle 4 gegeben.

| Parametername | Abkürzung | Wert | Einheit |
| --- | --- | --- | --- |
| Rotorradius | $R$ | 54 | m |
| Übersetzungsverhältnis | $n_g$ | 150 | [1 ] |
| Luftdichte | $\rho$ | 1 | kg/m³ |
| optimale Schnelllaufzahl | $\lambda$ | 6 | [1] |
| min Drehzahl | $n_{min}$ | 0 | pu |
| max Drehzahl | $n_{max}$ | 1 | pu |
| Federkonstante | $c$ | 400000 | N/m |
| Dämpferkonstante | $d$ | 40000 | Ns/m |
| Zwischenkreiskondensator | $c_{zk}$ | 1 | nF |

Tabelle **4**: Parameter der Windkraftanlage

Die Simulation einer Windkraftanlage mit Diodengleichrichter und Hochsetzsteller bei einem Sprung der Windgeschwindigkeit von 0 [m/s] auf 4 [m/s] wird untersucht.

Das Modell der Windkraftanlage wird mit einen virtuellen Moment hochgefahren, um die Simulationszeit zu verkürzen und um die Anlage schneller in den gewünschten Arbeitsbereich zu bringen. Kurz vor Erreichen des Arbeitsbereiches wird das zusätzliche Moment abgeschaltet. Das Abschalten des Zusatzmomentes ist am Knick in der Steigung der Drehzahlkurve in Abbildung 107 zu erkennen. Der Sprung im Rotormoment zum Zeitpunkt 2.6s in Abbildung 110 ist ebenfalls auf das Startdrehmoment zurückzuführen, das dort angeschaltet wird.

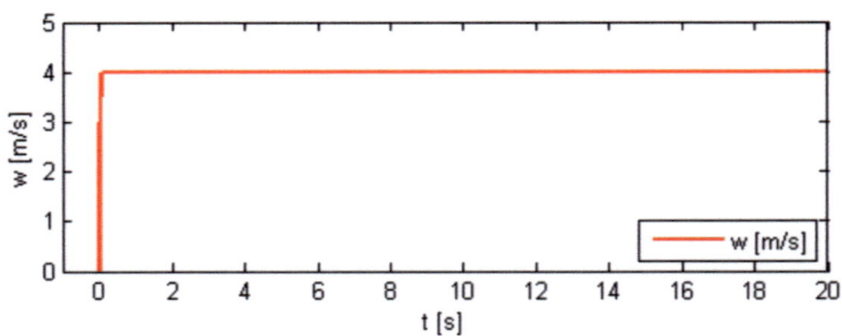

**Abbildung 106**: Windgeschwindigkeit [e. D.]

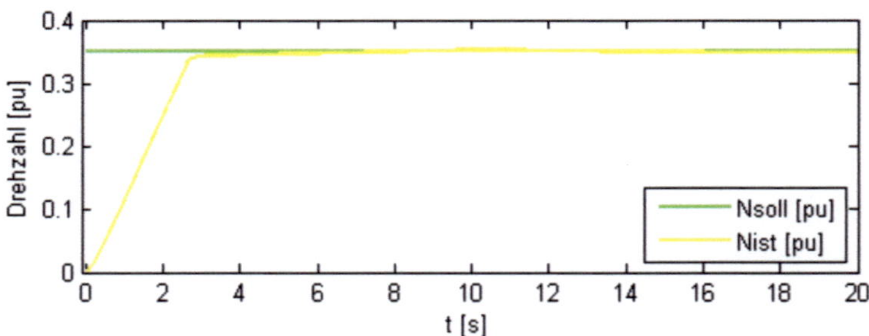

**Abbildung 107**: Normierte Drehzahl [e. D.]

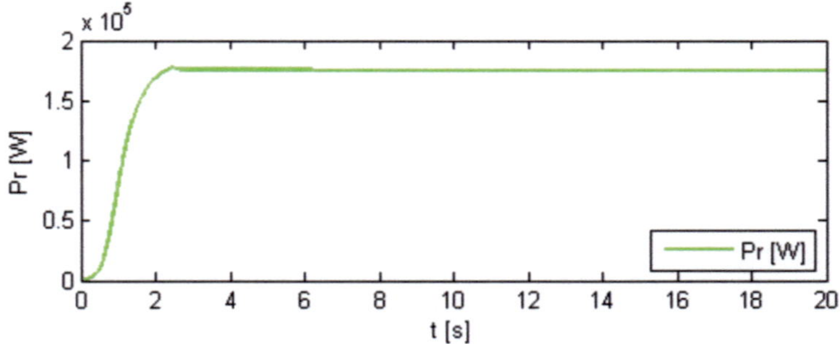

**Abbildung 108**: Rotorleistung [e. D.]

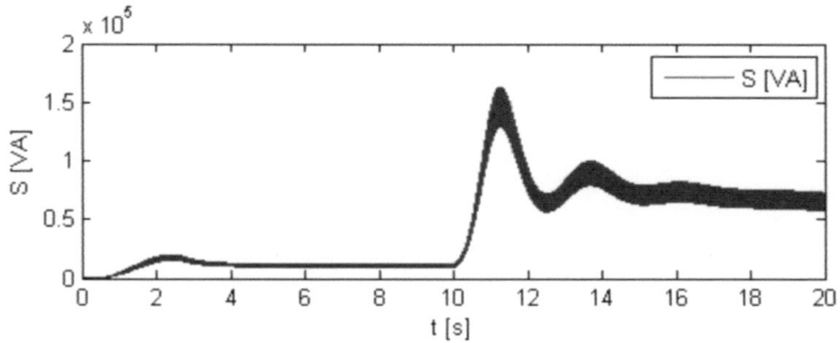

**Abbildung 109**: Augenblicksscheinleistung [e. D.]

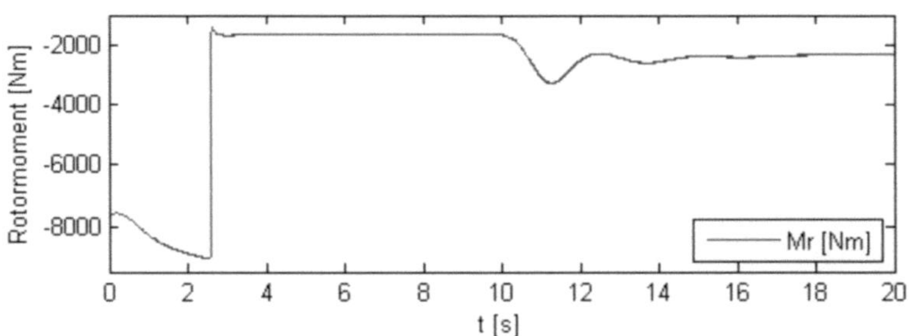

**Abbildung 110**: Rotordrehmoment [e. D.]

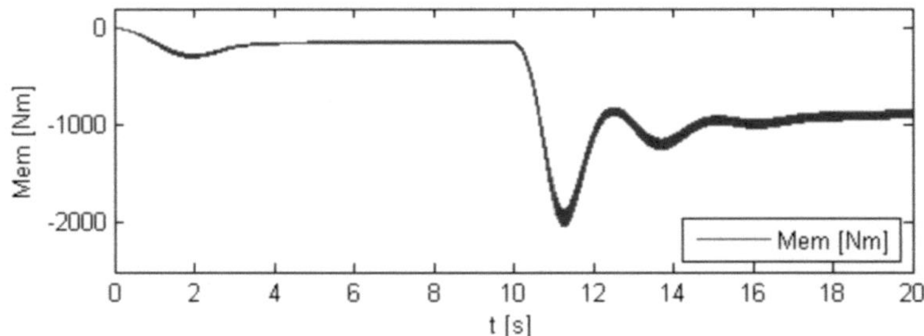

**Abbildung 111**: Elektrisches Gegenmoment [e. D.]

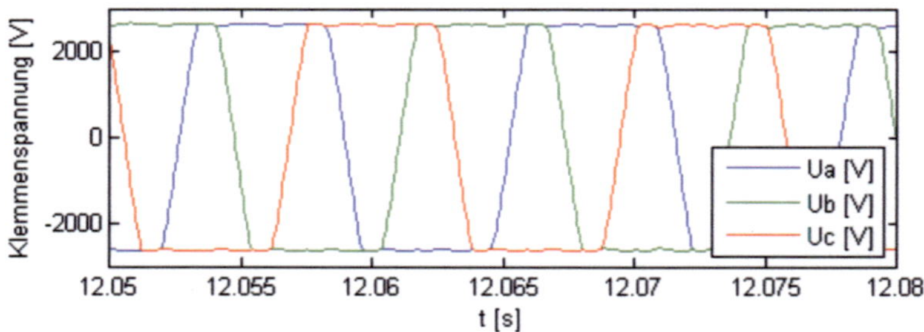


**Abbildung 112**: Strangspannungen [e. D.]

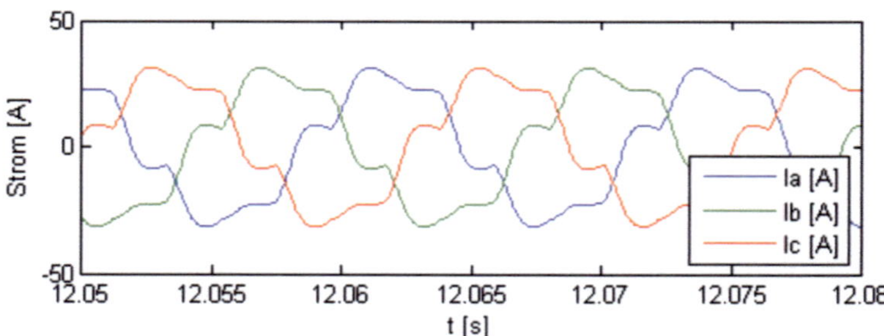


**Abbildung 113**: Statorströme [e. D.]

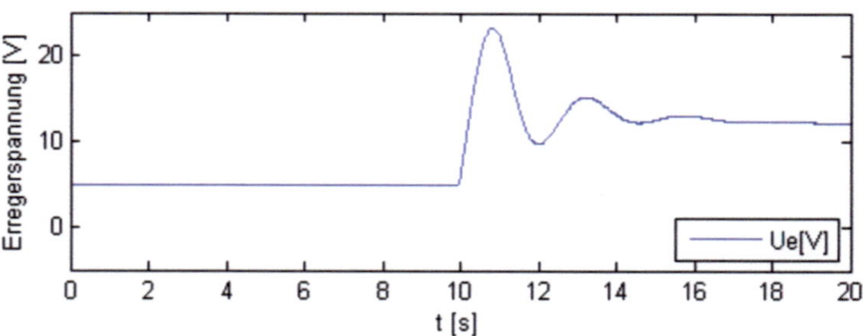


**Abbildung 114**: Verlauf der Erregerspannung [e. D.]

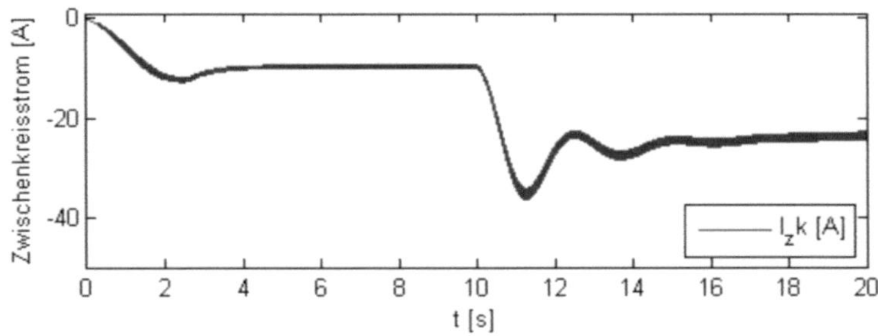
**Abbildung 115**: Zwischenkreisstrom [e. D.]

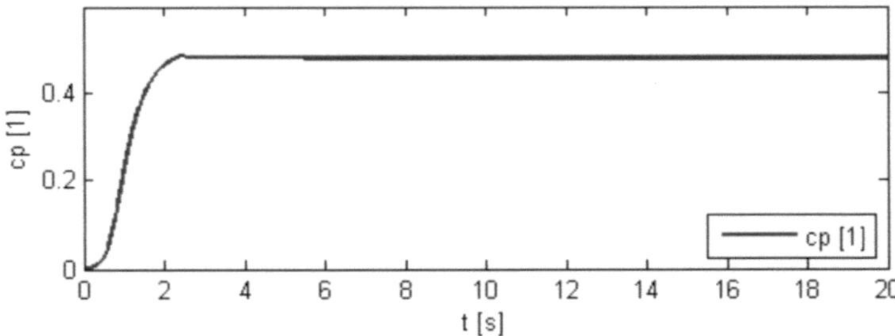
**Abbildung 116**: Leistungsbeiwert $C_p$ [e. D.]

Die Abbildung 106 zeigt den Sprung der Windgeschwindigkeit. Die normierte Drehzahl und ihr Sollwert sind in Abbildung 107 zu erkennen. Dabei wird deutlich, dass die Drehzahl über ihren Sollwert schwingt und später vom Erregerregler wieder unter diesen gebracht wird. Zu beachten ist, dass der Regler für die Erregung so parametriert ist, sodass ein Drehzahlanstieg über den Sollwert mit einen elektrischen Gegenmoment gebremst wird. Drehzahlen unter dem Sollwert wird kein Gegendrehmoment gegenübergestellt, vergleiche Abbildung 115. Die Erregerspannung ist nach oben auf 340V und nach unten auf 5V begrenzt. Negative Erreger-spannungen werden grundsätzlich vom Modell zugelassen, es kommt aber beim Nulldurchgang der Erregerspannung kurzzeitig zu einem Gegenmoment von Null Newtonmetern.

Schön zu erkennen ist, wie die Rotorleistung in Abbildung 108 der geänderten Wind-geschwindigkeit langsam folgt, dabei spielt die modellierte Trägheit des Antriebstrangs eine entscheidende Rolle. Die elektrische Augenblicksscheinleistung schwingt in Abbildung 109 deutlich über und erzeugt gegen Ende der Simulationszeit etwa die gleiche Leistung wie vom Rotor eingeprägt wird. Die Differenz ergibt sich aus den modellierten Verlusten, wie Reibung und Dämpfung.

Die Leistung und das Drehmoment oszillieren, was auf die Leistunselektronik zurückzuführen ist. Der Gleichrichter und der Hochsetzsteller verursachen durch ihre Schalthandlungen Oberschwingungen, die Oszillationen anregen.

Das Rotordrehmoment in Abbildung 110 und das elektrische Gegendrehmoment der Maschine in Abbildung 111 gleichen sich aus. Der Ausgleich findet erst mit der Zuschaltung der passenden Erregerspannung statt. Die Abbildung 112 zeigt den Spannungsverlauf an den Klemmen der Maschine, hierbei ist die Spannungsverzerrung durch die Leistungselektronik deutlich zu erkennen.

Dass der Zwischenkreisstrom mit der Leistung korrespondiert wird in Abbildung 115 deutlich. Der Verlauf der $c_p$-Kennlinie ist in Abbildung 116 dargestellt, da die Drehzahl näherungsweise konstant ist ändert sich der $c_p$ -Wert nicht.

In Abbildung 113 sind die verzerrten Ausgangsströme der Synchronmaschine dargestellt.

Die Ausgangsströme weisen die typischen Oberschwingungen einer B6-Schaltung auf, siehe Abbildung 117. Mit einer Fouriertransformation wird deutlich, dass Vielfache (5., 7.) der Grundschwingung als Harmonische auftreten. Im Gegenmoment der Maschine sind die 6., 12., 18., 24. Harmonische wiederzufinden, die üblich für das Drehmoment von Maschinen an sechspulsigen Schaltungen sind (Abbildung 118). Die Fouriertransformierte des Rotormoments in Abbildung 119 weist ein kontinuierliches Spektrum auf. Das Getriebemodell wirkt wie ein Tiefpass und lässt hochfrequente Anteile lediglich stark gedämpft oder gar nicht durc h, deshalb sind diskrete Peaks  im Spektrum nicht mehr zu erkennen. Die im mechanischen Antriebstrang durch den Gleichrichter eingeprägten Schwingungen haben einen erheblichen Einfluss auf die Zuverlässigkeit und Haltbarkeit des Getriebes.  Das Getriebe wird mit hochfrequenten Störungen belastet, die zu Oszillationen zwischen den Getriebekomponenten führen, dies hat eine zusätzliche Erwärmung des Systems zur Folge. Die hochfrequenten Drehmomentspitzen und die damit verbundene Erwärmung bedingt eine evidente Verminderung der Haltbarkeit [Sourkounis2].

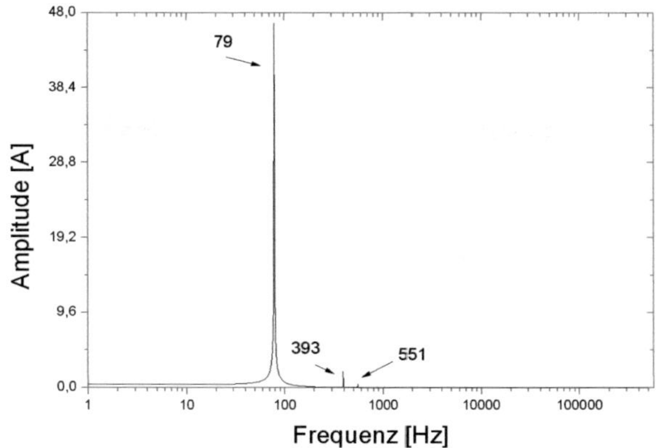

**Abbildung 117**: Fouriertransformierte des Stroms [e. D.]

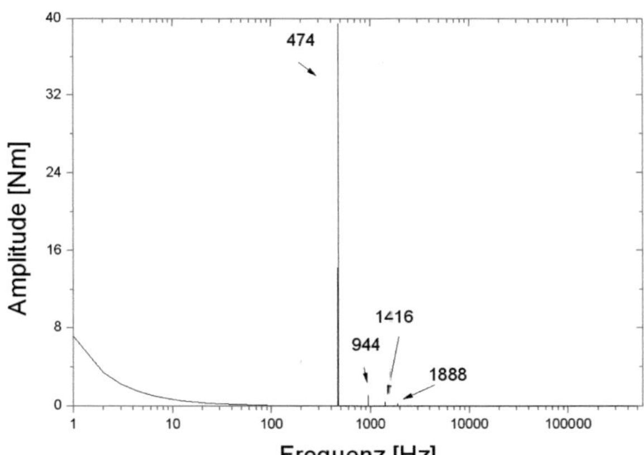

**Abbildung 118**: Fouriertrans. des el. Drehmoments [e. D.]

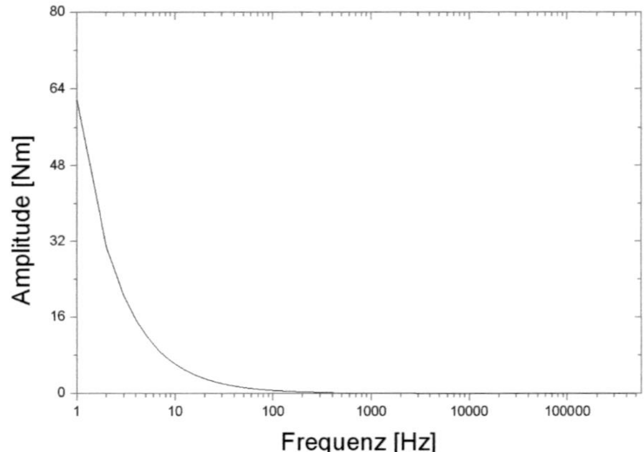

**Abbildung 119**: Fouriertrans. des Rotormoments [e. D.]

In einem zweiten Beispiel, in den Abbildungen 120 bis 133, soll der Einfluss einer höheren Windgeschwindigkeit auf das Verhalten der Anlage betrachtet werden, dies dient dazu das Modell zu validieren.

Die Windkraftanlage wird erneut mit Diodengleichrichter und Hochsetzsteller simuliert, dabei wird ein Sprung der Windgeschwindigkeit von 0 [m/s] auf 7 [m/s] auf den Rotor der Windkraftanlage gegeben. Die Versuchsanordnung entspricht der im ersten Versuch, bis auf die geänderte Windgeschwindigkeit.

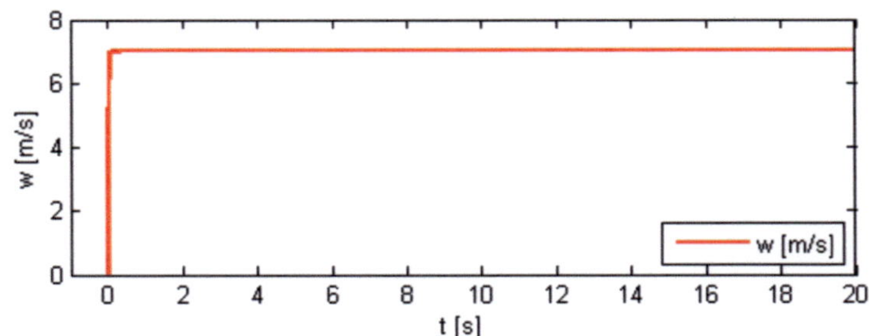

**Abbildung 120**: Windgeschwindigkeit [e. D.]

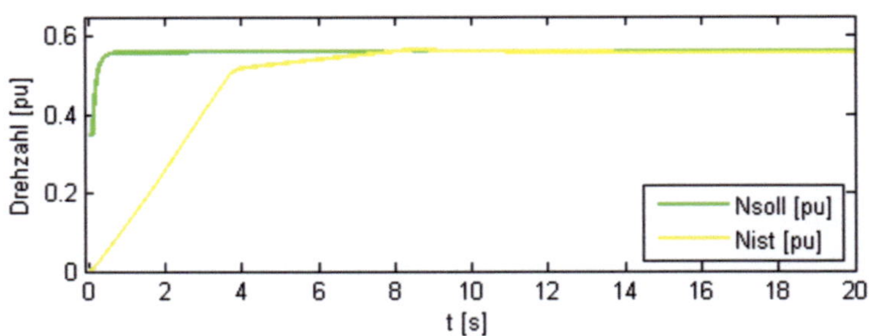

**Abbildung 121**: Normierte Drehzahl [e. D.]

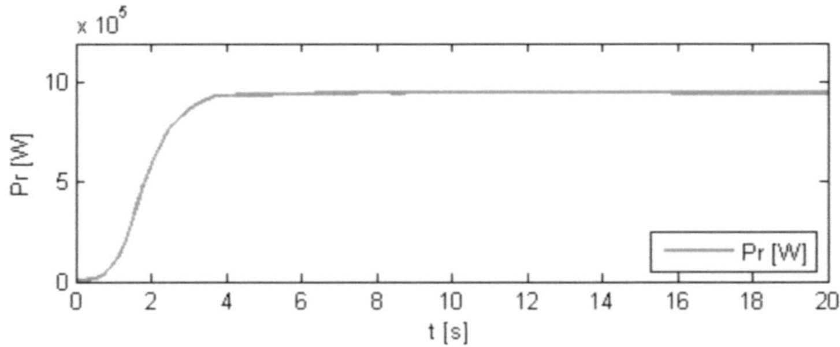

**Abbildung 122**: Rotorleistung [e. D.]

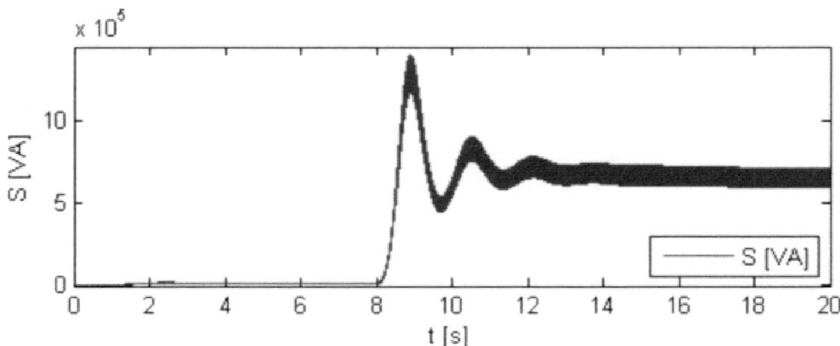

**Abbildung 123**: Augenblicksscheinleistung [e. D.]

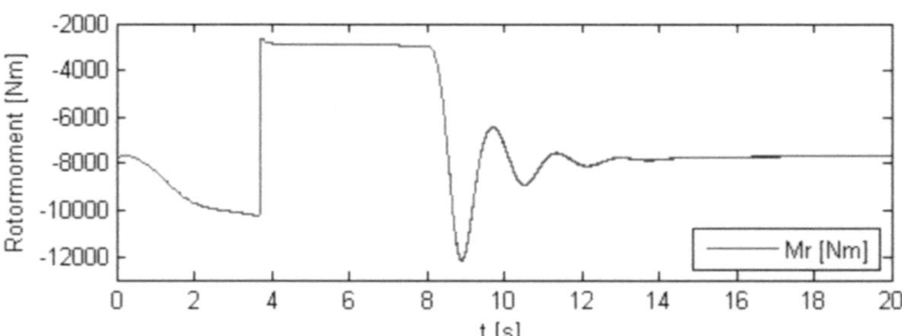

**Abbildung 124**: Rotormoment [e. D.]

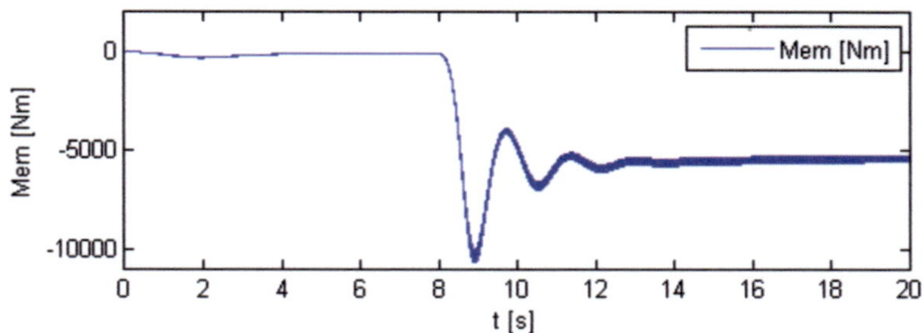

**Abbildung 125**: Elektrisches Gegenmoment [e.D.]

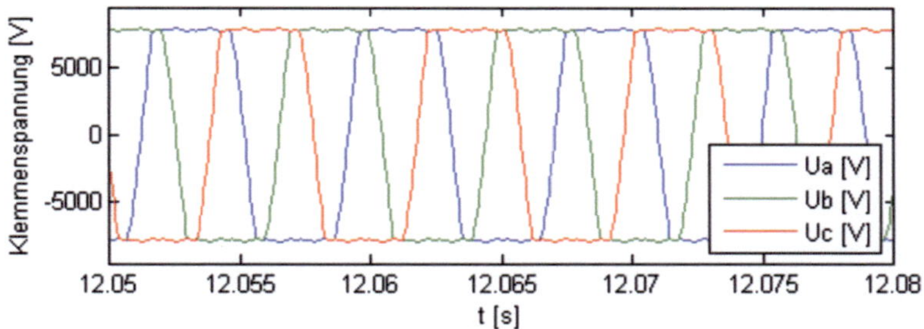

**Abbildung 126**: Strangspannungen [e. D.]

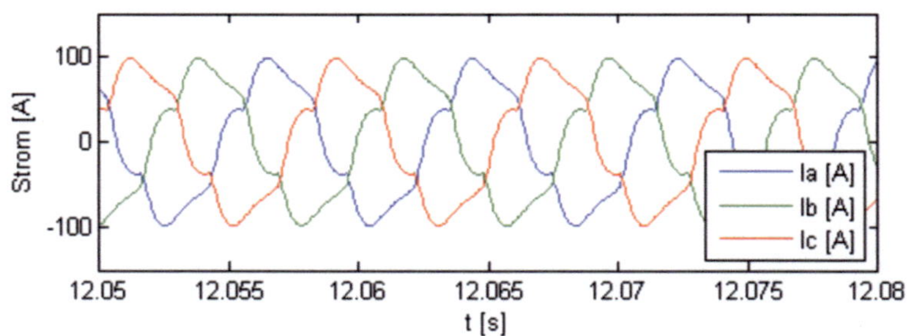

**Abbildung 127**: Statorströme [e. D.]

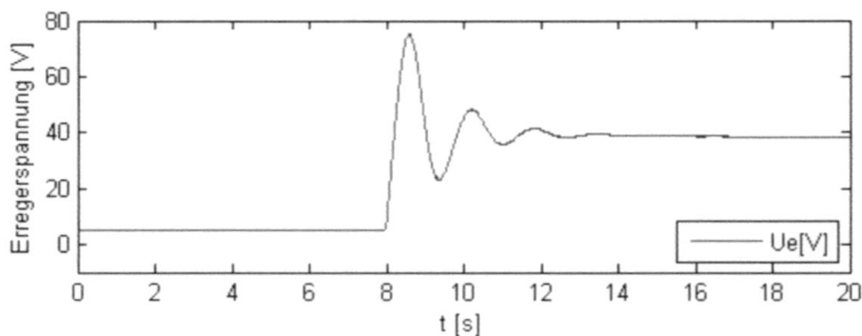

**Abbildung 128**: Erregerspannung [e. D.]

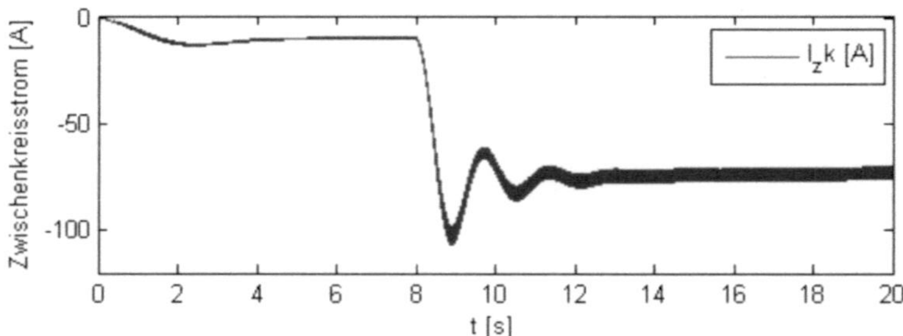

**Abbildung 129**: Zwischenkreisstrom [e. D.]

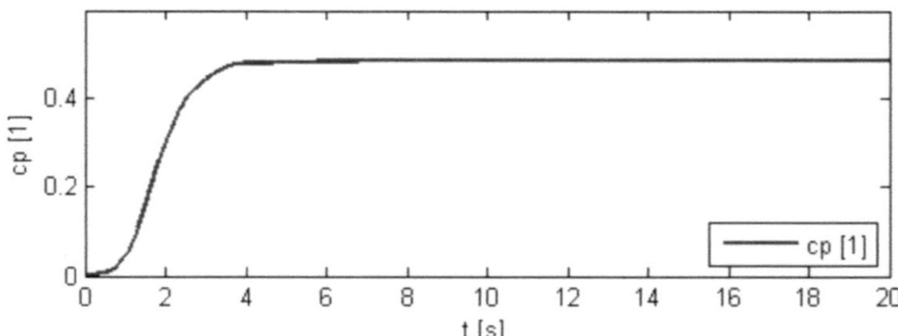

**Abbildung 130**: Leistungsbeiwert $c_p$ [e. D.]

Im zweiten Versuch mit erhöhter Windgeschwindigkeit wird deutlich, dass die Simulationsergebnisse sich nicht grundlegend von den Ergebnissen im ersten Versuch unterscheiden. Lediglich die Amplituden der Oberschwingen nehmen mit steigender Leistung zu, dies wird besonders in der Fouriertransformierten des Statorstroms und des Drehmoments deutlich.

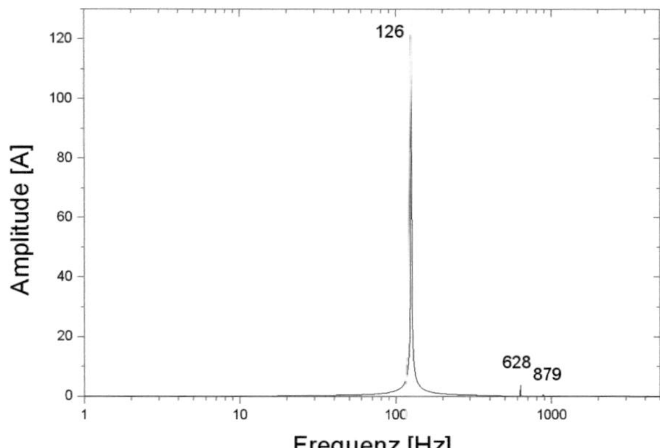

**Abbildung 131**: Fouriertransformierte von $I_a$ [e. D.]

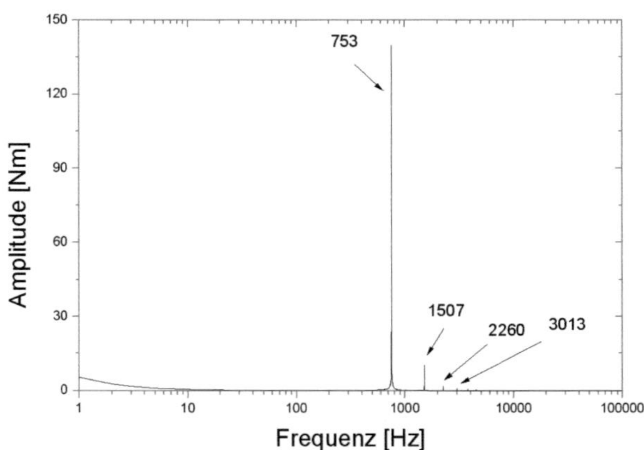

**Abbildung 132**: Fouriertransformierte des ele. Moments [e. D.]

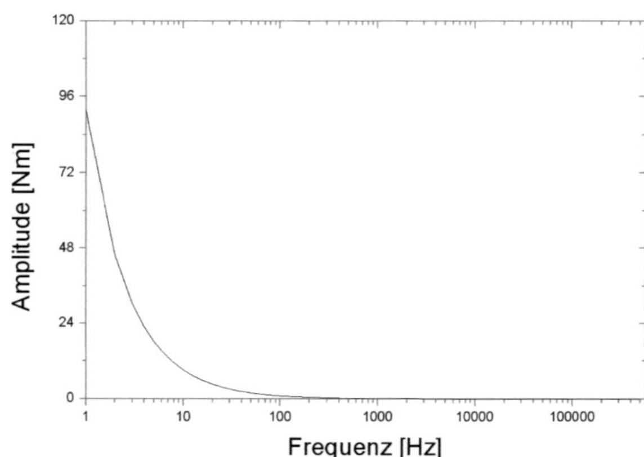

**Abbildung 133**: Fouriertransformierte des Rotormoments [e. D.]

# 5. Fazit

In diesem Buch wurde das Modell einer fremderregten Synchronmaschine hergeleitet, in Matlab Simulink implementiert und durch verschiedene Simulationsbeispiele validiert. Des Weitern wurde der Einfluss einer Gleichrichterbrückenschaltung mit und ohne Hochsetzsteller auf das Maschinenverhalten untersucht und der Einfluss durch Simulationen nachgewiesen.

Zur Modellauswahl wurden im Vorfeld verschiedene Modellierungsvarianten verglichen und der Ansatz gewählt, der einerseits den Modellanforderungen am besten genügt und anderseits eine verständliche Modellstruktur ermöglicht.

Es wurde zunächst das stationäre Verhalten der Synchronmaschine am Beispiel der Vollpol- und der Schenkepolmaschine eingeführt. Dies soll dazu dienen das transiente Verhalten der Maschine besser zu verstehen und die Bewertung der Simulationsergebnisse zu ermöglichen.

Das theoretische Modell der Synchronmaschine wurde aus den physikalischen Grundlagen der Maschine abgeleitet, die Modellgleichungen wurden umfassend durch verschiedene Quellen belegt.

Das Modell wurde zusammen mit Elementen der „Powersystemtoolbox" in Matlab integriert, dies ermöglicht es Signale zurückzukoppeln und Effekte wie eine Spannungsanhebung durch den eingespeisten Statorstrom zu berücksichtigen.

Das Modell der Synchronmaschine wurde in den Betriebsvarianten am starren Netz, im Inselbetrieb und in einer Windkraftanlage simuliert.

Bei den letzten beiden Varianten wurde die Maschine an einer B6-Diodengleichrichterbrückenschaltung simuliert, um die Rückwirkungen der Leistungselektronik auf das Drehmoment der Maschine zu untersuchen. Bei der Untersuchung hat sich gezeigt, dass Vielfache der Grundschwingung im Drehmoment der Maschine zu finden sind.

Die eingeprägten Oberschwingungen können Schäden im Getriebe der Windkraftanlage hervorrufen, da das Getriebe wie ein Tiefpass wirkt und hochfrequente Schwingungen von ihm dissipiert werden. Die dissipierten Schwingungen führen zu zusätzlichen Verlusten im Getriebe, die wiederum erhöhten Verschleiß zur Folge haben. In der Praxis kommt es immer wieder zu Getriebeschäden, die auch auf Rückwirkungen der schaltenden Leistungselektronik zurückzuführen sind.

Beim Einsatz der dreisträngigen Brückenschaltung für den Vierquadrantenbetrieb kam es zu starken Oszillationen, die vermutlich aus der Regelung des Stellers kommen. Die Maschine oszillierte bei dieser Konfiguration ständig zwischen Motor- und Generatorbetrieb, dies sollte im Anschluss an meine Studie untersucht werden.

Das in dieser Studie entstandene Modell kann für weitere Untersuchungen genutzt werden, beispielsweise um das Verhalten der Maschine an einer „Active-Front-End"-Schaltung mit netzseitigem Wechselrichter zu untersuchen.

In dieser Studie wurde gezeigt, wie eine fremderregte Synchronmaschine für verschiedene Netzkonfigurationen modelliert werden kann und welche Auswirkungen der maschinenseitige Stromrichter auf das Verhalten der Maschine hat.

# Formelverzeichnis

Liste verwendeter Indizes:

| | |
|---|---|
| $a,b,c$ | Phase a, b, c |
| $d,q$ | d, q Achse |
| $f,g$ | Erregerwicklung d, q Achse |
| $kq,kd$ | Dämpferkreis in d, q Achse |
| $L$ | Luft |
| $l$ | Streuung |
| $m$ | Magnetisierung |
| $r$ | Rotor |
| $s$ | Stator |

Liste verwendeter Formelbuchstaben:

| | |
|---|---|
| $\beta_M$ | mechanischer Polradwinkel |
| $\phi$ | magnetischer Fluss |
| $\lambda$ | magnetischer Fluss |
| $\Theta$ | magnetische Durchflutung |
| $\vartheta$ | Polradwinkel |
| $\vartheta_r$ | Rotorwinkel |
| $\mu$ | magnetische Permeabilität |
| $\psi$ | magnetische Flussverkettung |
| $\vec{\Psi}$ | Flussraumzeiger |

$\omega_b$     Bezugs-, Normierungswinkelgeschwindigkeit

$\omega_r$     Winkelgeschwindigkeit des Rotors

$\omega_M$     Winkelgeschwindigkeit des Rotors

$a \, / \, A$     Fläche

$B$     magnetische Flussdichte

$c_a$     Auftriebsbeiwert

$c_p$     Leistungsbeiwert

$c_w$     Widerstandsbeiwert

$c_{zk}$     Zwischenkreiskondensator

$D$     elektrische Flussdichte

$e$     Elementarladung

$E_i$     elektrische Feldstärke

$f$     Frequenz

$F_{el}$     Lorentzkraft

$H$     magnetische Feldstärke

$I$     Strom

$I_1$     Statorstrom

$I_a$     Statorstrom in Phase a

$I_d$     Strom d-Achse

$I_e$     Erregerstrom

$I_q$     Strom q-Achse

$I_{zk}$     Zwischenkreisstrom

$j$     Stromdichte

| | |
|---|---|
| $J$ | Massenträgheitsmoment |
| $L$ | Induktivität |
| $L_{dyn}$ | variable Induktivität abhängig von der magnetischen Flussdichte |
| $L_{\sigma d}$ | Streuinduktivität d-Achse |
| $L_{\sigma q}$ | Streuinduktivität q-Achse |
| $L_{\sigma E}$ | Streuinduktivität Erregerkreis |
| $L_{aa}$ | Selbstinduktivität der Phase a |
| $L_{ab}$ | Kopplungsinduktivität zwischen Phase a und b |
| $L_{1f}$ | Streuinduktivität der Feldwicklung in der d-Achse |
| $L_{1g}$ | Streuinduktivität der Feldwicklung in der q-Achse |
| $L_{1s}$ | Statorstreuinduktivität |
| $L_{hq}$ | Hauptinduktivität der q-Achse |
| $L_{1kd}$ | Streuinduktivität der Dämpferwicklung in der d-Achse |
| $L_{1kq}$ | Streuinduktivität der Dämpferwicklung in der q-Achse |
| $L_{md}$ | Magnetisierungsinduktivität des Stators- d-Achse |
| $L_{mf}$ | Magnetisierungsinduktivität des Rotors in der d-Achse |
| $L_{mg}$ | Magnetisierungsinduktivität des Rotors in der q-Achse |
| $L_{mkd}$ | Magnetisierungsinduktivität des Dämpferkreises in der q-Achse |
| $L_{mkq}$ | Magnetisierungsinduktivität des Dämpferkreises in der q-Achse |
| $L_{mq}$ | Magnetisierungsinduktivität des Stators in der q-Achse |
| $m$ | Masse |

$m_1$    Maschinenkonstante

$M_{el}$    inneres elektrisches Moment

$M_{ik}$    inneres elektrisches Kippmoment

$M_{dE}$    Gegeninduktivität Stator–Polrad

$M_{mech}$    Äußeres Mechanisches Moment

$M_{em}$    Elektrisches Gegenmoment

$M_r$    Rotormoment der Windkraftanlage

$N$    Windungszahl

$n_0$    synchrone Lehrlaufdrehzahl

$n_a$    Anzahl

$n$    Drehzahl

$n_{ist}$    Normierte Drehzahl des Antriebsstrangs

$n_{soll}$    Drehzahlsollwert

$p$    Polpaarzahl

$p_z$    Polzahl

$P$    elektrische Wirkleistung

$P_{in}$    aufgenommene elektrische Leistung

$P_r$    Rotorleistung der Windkraftanlage

$P_{rated}$    Nennleistung

$Q$    Blindleistung

$q_1$    Lochzahl

$R$    Rotorradius

$r_s$    Statorwiderstand

| $R_1$ | Statorwiderstand |
|---|---|
| $R_E$ | Erregerwiderstand |
| $r_f$ | Erregerwiderstand in der d-Achse |
| $r_g$ | Erregerwiderstand in der q-Achse |
| $r_{kd}$ | Widerstand der Dämpferwicklung in der d-Achse |
| $r_{kq}$ | Widerstand der Dämpferwicklung in der q-Achse |
| $R_m$ | magnetischer Widerstand |
| $s$ | Strecke |
| $S$ | Scheinleistung |
| $t$ | Zeit |
| $T'_{do}$ | transiente Leerlaufzeitkonstante |
| $T''_{do}$ | subtransiente Leerlaufzeitkonstante |
| $T'_{qo}$ | transiente Leerlaufzeitkonstante |
| $T''_{qo}$ | subtransiente Leerlaufzeitkonstante |
| $U_1$ | Statorspannung |
| $U_a$ | Strangspannung der Phase a |
| $U_e$ | Erregerspannung |
| $U_m$ | magnetische Spannung |
| $U_p$ | Polradspannung |
| $U_{rated}$ | Nennstrangspannung |
| $v$ | Geschwindigkeit |
| $w$ | Windgeschwindigkeit |
| $x_d$ | Synchrone Längsreaktanz in der d-Achse |

$x_d'$     transiente Längsreaktanz

$x_d''$     subtransiente Längsreaktanz

$x_{ls}$     Feldstreuinduktanz

$x_q$     Synchrone Längsreaktanz in der q- Achse

$x_q'$     transiente Längsreaktanz

$x_q''$     subtransiente Längsreaktanz

# Abkürzungsverzeichnis

| | |
|---|---|
| e. D. | Eigene Darstellung |
| el. | elektrisch |
| FEM | Finite Elemente Methode |
| n.v. | Nicht vorhanden |
| WEK. | Windenergiekonverter |
| Synm. | Synchronmaschine |
| Trans. | Transformierte |

# Literaturverzeichnis

[Ackermann] Ackermann, Thomas (2009): Wind power in power systems. Repr. Chichester: Wiley.

[Birmelin] Birmelin, Jörg; Hupfer, Christian (2008): Elementare Numerik für Techniker. Datenanalyse und Modellbildung - Programmierung mit C und Grafikprogrammierung mit GNUPLOT. 1. Auflage. Wiesbaden: Vieweg + Teubner Verlag.

[Bödefeld] Bödefeld, Theodor; Sequenz, Heinrich (1971): Elektrische Maschinen. Eine Einführung in die Grundlagen. 8. Auflage. Wien: Springer.

[Boldea1] Boldea, Ion (2006): Synchronous generators. Boca Raton: CRC Taylor & Francis.

[Boldea2] Boldea, Ion; Tutelea, Lucian (2010): Electric machines. Steady state, transients, and design with MATLAB. Boca Raton: CRC Press.

[Caselitz] Caselitz, Peter; Geyler, Martin (2008): Regelung von drehzahlvariablen Windenergieanlagen. In: Automatisierungstechnik 12/2008, S. 1-13. Oldenbourg: Wissenschaftsverlag.

[Fischer] Fischer, Rolf (2009): Elektrische Maschinen. 14. Auflage. München: Hanser.

[Foken] Foken, Thomas (2006): Angewandte Meteorologie. Mikrometeorologische Methoden. 2. Auflage, Berlin: Springer.

[Großmann] Großmann, Uwe (2006): Frequenzselektive Regelung eines parallelen Hybridfilters zur Oberschwingungskompensation in Energieversorgungsnetzen. Dissertation. Illmenau: Universitätsverlag Ilmenau.

[Hau] Hau, Erich (2008): Windkraftanlagen. Grundlagen, Technik, Einsatz, Wirtschaftlichkeit. 4.Auflage, Berlin: Springer

[Iov] Iov, Florin; Hansen, Anca Daniela; Sørensen, Poul; Blaabjerg, Frede (2004): Wind

Turbine Blockset in Matlab/Simulink. General Overview and Description of the Models. Aalborg: UNI.PRINT Aalborg University.

[Isermann] Isermann, Rolf (2007). Mechatronische Systeme. Grundlagen, 2. Auflage. Berlin: Springer.

[Jäger] Jäger, Rainer; Stein, Edgar (2000): Leistungselektronik. Grundlagen und Anwendungen. 5. Auflage. Berlin: VDE-Verlag.

[Kopfmüller] Kopfmüller, Karl; Kohn, Gerhard (1990): Einführung in die theoretische Elektrotechnik. 13. Auflage. Berlin: Springer.

[Kraus] Kraus, Helmut (2009): Die Atmosphäre der Erde. Eine Einführung in die Meteorologie. 3. Auflage. Berlin: Springer.

[Lunze] Lunze, Jan (2010): Regelungstechnik 2: Mehrgrößensysteme, Digitale Regelung. 6. Auflage. Berlin: Springer.

[Mevenkamp] Mevenkamp, Manfred; Petschenka, Josef (1998): Regelung und Zustandsüberwachung von Windkraftanlagen. Methoden des Rapid Prototyping. In: Kasseler Symposium Energie-Systemtechnik '98, S. 81-90.

[Ong] Ong, Chee-Mun (1998): Dynamic simulation of electric machinery. Using Matlab/Simulink. Upper Saddle River, NJ: Prentice Hall PTR.

[Park] Park, R.H. (2000): Two-Reaction Theory of Synchronous Machines. In: NAPS, University of Waterloo, Canada, Oktober 23-24/2000, S. 81-95.

[Raith] Raith, Wilhelm; Bergmann, Ludwig; Schaefer, Clemens (1999): Elektromagnetismus. 8. Auflage. Berlin: de Gruyter.

[Rangwala] Rangwala, Abdulla S. (2005): Turbo-machinery dynamics. Design and operation. New York: McGRAW-HILL.

[Schröder, D. 1] Schröder, Dierk (2009): Elektrische Antriebe - Grundlagen. 4. Auflage. Berlin: Springer.

[Schröder, D. 2] Schröder, Dierk (2008): Leistungselektronische Schaltungen. Funktion, Auslegung und Anwendung. 2. Auflage. Berlin: Springer.

[Schröder, R. 1] Schröder, Reinhard (2007): Elektrische Maschinen. Vorlesungsskript. Bochum: Technische Fachhochschule Georg Agricola.

[Schröder, R. 2] Schröder, Reinhard (2005): Leistungselektronik. Vorlesungsskript. Bochum: Technische Fachhochschule Georg Agricola.

[Schwab1] Schwab, Adolf J. (2009): Elektroenergiesysteme. Erzeugung, Transport, Übertragung und Verteilung elektrischer Energie. 2. Auflage. Berlin: Springer.

[Schwab2] Schwab, Adolf J.; Imo, Friedrich (2002): Begriffswelt der Feldtheorie. 6. Auflage. Berlin: Springer.

[Sourkounis1] Sourkounis, Constantinos (2009): Regenerative Energietechnik. Vorlesungsskript. Bochum: Ruhr-Universität Bochum.

[Sourkounis2] Sourkounis, Constantinos; Broy, Alexander; Ni, Bingchang (2010): Influence of dc-link converter on operational performance of the power conversion train of wind energy converters with PMSM. In: Med Power 2010, 7.-10.Nov.2010, Cyprus: Agia Napa.

[Specovius] Specovius, Joachim (2010): Grundkurs Leistungselektronik. Bauelemente, Schaltungen und Systeme. 4. Auflage. Wiesbaden: Vieweg + Teubner Verlag.

[Staudt1] Staudt, Volker (2006): Elektrische Antriebe. Vorlesungsskript. Bochum: Ruhr-Universität Bochum.

[Staudt2] Staudt, Volker (2008): Induktionsmaschinenregelung. Vorlesungsskript. Bochum: Ruhr-Universität Bochum.

[Steimel] Steimel, Andreas (2009): Leistungselektronik II. Geregelte leistungselektronische Stellglieder. Vorlesungsskript. Bochum: Ruhr-Universität Bochum.

[Unbehauen] Unbehauen, Heinz (2008): Klassische Verfahren zur Analyse und Synthese linearer kontinuierlicher Regelsysteme, Fuzzy-Regelsysteme. 15. Auflage. Berlin: Springer.

[Yedamale] Yedamale, Padmaraja (2008): Feldorientierte Steuerung ohne Sensor. In: Elektronik Industrie 12/2008, S. 38-41. Heidelberg: Hüthig GmbH.

# Abbildungsverzeichnis


**Abbildung 1**: Vollpolmaschine [Schröder, R. 1 Kapitel 7.2]. . . . . . . . . . . . . . . . . . . . . . 9

**Abbildung 2**: Zonenplan Drehstromwicklung [Schröder, R. 1 Kapitel 5.3.2]. . . . . . . . . 10

**Abbildung 3**: optimierter Zonenplan [Schröder, R. 1 Kapitel 5.3.2]. . . . . . . . . . . . . . . 10

**Abbildung 4**: Rotor- und Statorkreis der Synm. [Schröder, R. 1 Kapitel 7.7.2]. . . . . . 11

**Abbildung 5**: Zeigerdiagramme der Synchronmaschine [Schröder, R. 1 Kapitel 7.8.5]. . 12

**Abbildung 6**: Drehmomentdrehzahlkennlinie der Synm. [Schröder, R. 1 Kapitel 7.8.7]. . 13

**Abbildung 7**: stationär stabiler Arbeitsbereich der Synm. [Schröder, R. 1 Kapitel 7.8.7]. 13

**Abbildung 8**: Stromortskurve der Synm. [Fischer, S. 307]. . . . . . . . . . . . . . . . . . . . . . 14

**Abbildung 9**: V-Kurven der Synm. [modifiziert nach Boldea 1 Kapitel 4 S. 40]. . . . . . . 15

**Abbildung 10**: Schema Schenkelpolmaschine [Schröder, R. 1 Kapitel 7.2].. . . . . . . . . . 16

**Abbildung 11**: Achsenlage im Rotor [Schröder, R. 1 Kapitel 7.8.2] . . . . . . . . . . . . . . . 16

**Abbildung 12**: Vollpolansatz [Schröder, R. 1 Kapitel 7.8.3]. . . . . . . . . . . . . . . . . . . . . 16

**Abbildung 13**: Feldverlauf unter der Pollücke [Schröder, D. 1 S.358]. . . . . . . . . . . . . . 17

**Abbildung 14**: Ersatzschaltbild der Schenkelpolmaschine mit Querkopplungen

[Boldea 1 Kapitel 5 S.58 ]. . . . . . . . . . . . . . . . . . . . . . . . . . . . . . . . . . 17

**Abbildung 15**: Vereinfachtes Ersatzschaltbild der Schenkelpolmaschine

[Schröder, D. 1 S.371]. . . . . . . . . . . . . . . . . . . . . . . . . . . . . . . . . . 19

**Abbildung 16**: Leerlauf [Schröder, D. 1 S. 353]. . . . . . . . . . . . . . . . . . . . . . . . . . . . . 19

**Abbildung 17**: Drehmomentbildung [Schröder, D. 1 S. 353].. . . . . . . . . . . . . . . . . . . 19

**Abbildung 18**: Leerlauf [Schröder, R. 1 Kapitel 7.4]. . . . . . . . . . . . . . . . . . . . . . . . . 20

**Abbildung 19**: Motorbetrieb [Schröder, R. 1 Kapitel 7.4].. . . . . . . . . . . . . . . . . . . . . 20

**Abbildung 20**: Generatorbetrieb [Schröder, R. 1 Kapitel 7.4]. . . . . . . . . . . . . . . . . . . 20

**Abbildung 21**: Zeigerdiagramm der Schenkelpolmaschine [Schröder, D. 1 S.387]. . . . . 21

**Abbildung 22**: Rotor mit Flusssperren [Fischer S. 355].. . . . . . . . . . . . . . . . . . . . . . . 22

**Abbildung 23**: Generatorkonvention [eigene Darstellung].. . . . . . . . . . . . . . . . . . . . . 24

**Abbildung 24**: Magnetische Abschirmung [Ong S. 305]. . . . . . . . . . . . . . . . . . . . . . . 26

**Abbildung 25**: Teilfelder der Synm. [Schröder, D. 1 S. 356]. . . . . . . . . . . . . . . . . . . . 27

**Abbildung 26**: Schema der räumlichen Wicklungsverteilung [Boldea1 Kapitel 5.5.3] . . . 28

**Abbildung 27**: Elektromagnetische Kraftkomponenten entlang der dq-Achsen

[Ong S.262]. . . . . . . . . . . . . . . . . . . . . . . . . . . . . . . . . . . . . . . . . . . . . 29

**Abbildung 28**: Ersatzschaltbild der idealisierten Maschine [Ong S. 261]. . . . . . . . . . . . . 32

**Abbildung 29**: Clarke Transformation [Yedamale S. 39]. . . . . . . . . . . . . . . . . . . . . . . . 34

**Abbildung 30**: Parktransformation [Yedamale S. 39]. . . . . . . . . . . . . . . . . . . . . . . . . 34

**Abbildung 31**: Äquivalentes dq0 Ersatzschaltbild [Ong S. 271]. . . . . . . . . . . . . . . . . . 39

**Abbildung 32**: Modellübersicht [eigene Darstellung]. . . . . . . . . . . . . . . . . . . . . . . . . 42

**Abbildung 33**: Signalflussplan des Synchronmaschinenmodells [eigene Darstellung]. . . . 43

**Abbildung 34**: Realisierung der Clarke- und Parktransformation [eigene Darstellung]. . . 50

**Abbildung 35**: Bildung der Flüsse und Ströme im Modell [eigene Darstellung]. . . . . . . . 51

**Abbildung 36**: Drehmoment und Drehzahlbildung [eigene Darstellung]. . . . . . . . . . . . . 52

**Abbildung 37**: Rücktransformation in abc-Koordinaten [eigene Darstellung]. . . . . . . . . 53

**Abbildung 38**: Berechnung der Messgrößen [eigene Darstellung]. . . . . . . . . . . . . . . . . 54

**Abbildung 39**: Oszillator [eigene Darstellung]. . . . . . . . . . . . . . . . . . . . . . . . . . . . . 54

**Abbildung 40**: Synchronmaschine am Netz [eigene Darstellung]. . . . . . . . . . . . . . . . . . 60

**Abbildung 41**: Synchronmaschine mit ohmsch-induktiver Last [eigene Darstellung]. . . . 61

**Abbildung 42**: Synchronmaschine an Gleichrichter [eigene Darstellung]. . . . . . . . . . . . 62

**Abbildung 43**: Synchronmaschine in Verbindung mit einer Windkraftanlage [e. D.]. . . . 63

**Abbildung 44**: Mechanisches Moment [e. D.]. . . . . . . . . . . . . . . . . . . . . . . . . . . . . . 65

**Abbildung 45**: Elektrisches Gegenmoment [e. D.]. . . . . . . . . . . . . . . . . . . . . . . . . . . 65

**Abbildung 46**: Normierte Drehzahl [e. D.]. . . . . . . . . . . . . . . . . . . . . . . . . . . . . . . . 65

**Abbildung 47**: Frequenz des Statorstroms $I_a$ [e. D.]. . . . . . . . . . . . . . . . . . . . . . . . 66

**Abbildung 48**. Augenblicksleistung [e. D.]. . . . . . . . . . . . . . . . . . . . . . . . . . . . . . . 66

**Abbildung 49**: Strangspannungen [e. D.]. . . . . . . . . . . . . . . . . . . . . . . . . . . . . . . . . 66

**Abbildung 50**: Statorströme [e. D.]. . . . . . . . . . . . . . . . . . . . . . . . . . . . . . . . . . . . 67

**Abbildung 51**: Erregerspannung [e. D.]. . . . . . . . . . . . . . . . . . . . . . . . . . . . . . . . . . 67

**Abbildung 52**: Mechanisches Moment [e. D.]. . . . . . . . . . . . . . . . . . . . . . . . . . . . . . 69

**Abbildung 53**: Elektrisches Gegenmoment [e. D.]. . . . . . . . . . . . . . . . . . . . . . . . . . . 69

**Abbildung 54**. Elektrischer Drehfeldwinkel [e. D.]. . . . . . . . . . . . . . . . . . . . . . . . . . 69

**Abbildung 55**: Normierte Drehzahl [e. D.]. . . . . . . . . . . . . . . . . . . . . . . . . . . . . . . . 70

**Abbildung 56**: Frequenz des Statorstroms $I_a$ [e. D.]. . . . . . . . . . . . . . . . . . . . . . . . 70

**Abbildung 57**: Augenblicksleistung [e. D.]. . . . . . . . . . . . . . . . . . . . . . . . . . . . . . . 70

**Abbildung 58**: Strangspannungen [e. D.]. . . . . . . . . . . . . . . . . . . . . . . . . . . . . . . . . 71

**Abbildung 59**: Statorströme [e. D.]. . . . . . . . . . . . . . . . . . . . . . . . . . . . . . . . 71

**Abbildung 60**: Erregerspannung [e. D.]. . . . . . . . . . . . . . . . . . . . . . . . . . . . . . 71

**Abbildung 61**: Statorströme der B6-Schaltung [e. D.]. . . . . . . . . . . . . . . . . . . . 73

**Abbildung 62**: Statorstrom $I_a$ [e. D.]. . . . . . . . . . . . . . . . . . . . . . . . . . . . . . . 73

**Abbildung 63**: Strangspannungen [e. D.]. . . . . . . . . . . . . . . . . . . . . . . . . . . . . 74

**Abbildung 64**: Elektrisches Gegenmoment [e. D.]. . . . . . . . . . . . . . . . . . . . . . . 74

**Abbildung 65**: FFT des Stroms $I_a$ [e. D.]. . . . . . . . . . . . . . . . . . . . . . . . . . . . 75

**Abbildung 66**: Frequenzzerlegung des Drehmoments [e. D.]. . . . . . . . . . . . . . . . 76

**Abbildung 67**: Energiekonversion an Windkraftanlagen [eigene Darstellung]. . . . . . . . 77

**Abbildung 68**: Energieumformungsschritte bei WEKs [eigene Darstellung]. . . . . . . . . 78

**Abbildung 69**: Einfluss der Courioliskraft auf den Wind [Sourkounis1, S. 23]. . . . . . . 79

**Abbildung 70**: Globale Zirkulationen [Sourkounis1, S. 25]. . . . . . . . . . . . . . . . . . 79

**Abbildung 71**: See-Land-Winde [Sourkounis1, S. 26]. . . . . . . . . . . . . . . . . . . . . 80

**Abbildung 72**: Druck- und Windgeschwindigkeitsänderung am Rotor
[Sourkounis1, S. 169]. . . . . . . . . . . . . . . . . . . . . . . . . . . . . . 81

**Abbildung 73**: Luftkräfte am Flügelelement [Sourkounis1, S. 171]. . . . . . . . . . . . . 83

**Abbildung 74** $c_p$ bei var Wind und Drehzahl [Ackermann, S. 530]. . . . . . . . . . . . . 84

**Abbildung 75** Kennlinie einer Schnelllaufzahl [Ackermann, S.530]. . . . . . . . . . . . . 84

**Abbildung 76**: Typisches $c_p$-$\lambda$ Kennlinienfeld [Hau, S. 105]. . . . . . . . . . . . . . . . 85

**Abbildung 77**: Verschiedene Drehstrommaschinen und Läuferformen
[Sourkounis1, S. 184]. . . . . . . . . . . . . . . . . . . . . . . . . . . . . . 86

**Abbildung 78**: Unterschiedliche mechanisch-elektrische Wandlersysteme
[Sourkounis1, S.183]. . . . . . . . . . . . . . . . . . . . . . . . . . . . . . 87

**Abbildung 79**: B6 Brückenschaltung [eigene Darstellung]. . . . . . . . . . . . . . . . . . 90

**Abbildung 80**: B6C Brückenschaltung [Schröder, R. 2 Kapitel 5.3]. . . . . . . . . . . . . 90

**Abbildung 81**: Blocktacktung [Schröder, R. 2 Kapitel 5.3]. . . . . . . . . . . . . . . . . . 91

**Abbildung 82**: Tiefsetzsteller [Steimel, S. 9]. . . . . . . . . . . . . . . . . . . . . . . . . . 93

**Abbildung 83**: Hochsetzsteller [Steimel, S.11]. . . . . . . . . . . . . . . . . . . . . . . . . 93

**Abbildung 84**: Verläufe am Tiefsetzsteller [Steimel, S.9]. . . . . . . . . . . . . . . . . . . 93

**Abbildung 85**: Verläufe am Hochsetzsteller Teil 1 [Steimel, S.11]. . . . . . . . . . . . . . 93

**Abbildung 86**: Verläufe am Hochsetzsteller Teil 2 [Steimel, S.11] . . . . . . . . . . . . . 93

**Abbildung 87**: Zweiquadrantsteller [Steimel, S.25]........................................ 94

**Abbildung 88**: Vierquadrantsteller [Steimel, S.26]........................................ 94

**Abbildung 89**: B6-Schaltung für Vierquadrantenbetrieb [Steimel, S. 30].............. 95

**Abbildung 90**:„Active-Front-End" [Steimel, S. 186] ...................................... 95

**Abbildung 91**: Spannungs- und Stromverläufe bei der PWM [Steimel, S.37]. ........ 96

**Abbildung 92**: Schema Wechselrichterschaltung [Staudt2, S. 2]...................... 97

**Abbildung 93**: Schaltworte und Spannungsraumzeiger [Staudt1 S.171]. ............ 97

**Abbildung 94**: Ausgangsspannungsraumzeiger und Schaltzustände des 2 Punkt Wechselrichters [Staudt1, S. 171]........................................ 98

**Abbildung 95**: Schaltzustände bei kreisförmiger Flussbahnkurve [Staudt1, S. 173]..... 99

**Abbildung 96**: Vierschrittverfahren zur Ermittlung der Flussänderung in einer Pilsperiode [Staudt1, S. 174]. ........................................ 99

**Abbildung 97**: Windkraftanlagenregelung [Mevenkamp, S. 85]................. 100

**Abbildung 98**: Modellbasierte Windkraftanlagenregelung [Mevenkamp, S. 86]...... 101

**Abbildung 99**: Regelungsschema einer fremderregten Synm. [Caselitz, S. 10]........ 102

**Abbildung 100**: Zweimassenschwinger [Iov, S. 26]........................... 104

**Abbildung 101**: Signalflussgraph des Windkraftanlagenmodells [eigene Darstellung]. . 106

**Abbildung 102**: Sprungantwort PI-Regelstrecke [Unbehauen, S.189]. ............. 107

**Abbildung 103**: Struktur einer Pi-Regelstrecke [Lunze, S. 149]. ................. 108

**Abbildung 104**: Diodengleichrichter mit Hochsetzsteller [eigene Darstellung]........ 109

**Abbildung 105**: Dreisträngige Wechselrichterbrücke [eigene Darstellung]. ......... 110

**Abbildung 106**: Windgeschwindigkeit [e. D.]............................... 112

**Abbildung 107**: Normierte Drehzahl [e. D.]................................ 112

**Abbildung 108**: Rotorleistung [e. D.]..................................... 112

**Abbildung 109**: Augenblicksscheinleistung [e. D.].......................... 113

**Abbildung 110**: Rotordrehmoment [e. D.]. ................................ 113

**Abbildung 111**: Elektrisches Gegenmoment [e. D.]. ........................ 113

**Abbildung 112**: Strangspannungen [e. D.]. ............................... 114

**Abbildung 113**: Statorströme [e. D.]. .................................... 114

**Abbildung 114**: Verlauf der Erregerspannung [e. D.]......................... 114

**Abbildung 115**: Zwischenkreisstrom [e. D.]................................ 115

**Abbildung 116**: Leistungsbeiwert $C_p$ [e. D.]. . . . . . . . . . . . . . . . . . . . . . . . . . . . . . . . 115

**Abbildung 117**: Fouriertransformierte des Stroms [e. D.]. . . . . . . . . . . . . . . . . . . 117

**Abbildung 118**: Fouriertrans. des el. Drehmoments [e. D.]. . . . . . . . . . . . . . . . . . 117

**Abbildung 119**: Fouriertrans. des Rotormoments [e. D.]. . . . . . . . . . . . . . . . . . . . 118

**Abbildung 120**: Windgeschwindigkeit [e. D.]. . . . . . . . . . . . . . . . . . . . . . . . . . . . . . 119

**Abbildung 121**: Normierte Drehzahl [e. D.]. . . . . . . . . . . . . . . . . . . . . . . . . . . . . . . 119

**Abbildung 122**: Rotorleistung [e. D.]. . . . . . . . . . . . . . . . . . . . . . . . . . . . . . . . . . . . 120

**Abbildung 123**: Augenblicksscheinleistung [e. D.]. . . . . . . . . . . . . . . . . . . . . . . . . 120

**Abbildung 124**: Rotormoment [e. D.]. . . . . . . . . . . . . . . . . . . . . . . . . . . . . . . . . . . . 120

**Abbildung 125**: Elektrisches Gegenmoment [e.D.]. . . . . . . . . . . . . . . . . . . . . . . . . 121

**Abbildung 126**: Strangspannungen [e. D.]. . . . . . . . . . . . . . . . . . . . . . . . . . . . . . . . 121

**Abbildung 127**: Statorströme [e. D.]. . . . . . . . . . . . . . . . . . . . . . . . . . . . . . . . . . . . 121

**Abbildung 128**: Erregerspannung [e. D.]. . . . . . . . . . . . . . . . . . . . . . . . . . . . . . . . . 122

**Abbildung 129**: Zwischenkreisstrom [e. D.]. . . . . . . . . . . . . . . . . . . . . . . . . . . . . . 122

**Abbildung 130**: Leistungsbeiwert $c_p$ [e. D.]. . . . . . . . . . . . . . . . . . . . . . . . . . . . . . 122

**Abbildung 131**: Fouriertransformierte von $I_a$ [e. D.]. . . . . . . . . . . . . . . . . . . . . . 123

**Abbildung 132**: Fouriertransformierte des ele. Moments [e. D.]. . . . . . . . . . . . . . 123

**Abbildung 133**: Fouriertransformierte des Rotormoments [e. D.]. . . . . . . . . . . . . 124